문과 출신도 쉽게 배우는
통계학

문과 출신도 쉽게 배우는

통계학

다카하시 신 · 고 가즈키 지음

오시연 옮김

지상사 Jisangsa

DATA BUNSEKI NO SENSEI!
BUNKEI NO WATASHI NI CHO WAKARIYASUKU TOKEIGAKU WO OSHIETEKUDASAI!
by Shin Takahashi
Copyright ⓒ 2020 by Shin Takahashi
All rights reserved.
Original Japanese edition published by KANKI PUBLISHING INC.
Korean translation rights ⓒ 2022 by Jisang Publishing Co.
Korean translation rights arranged with KANKI PUBLISHING INC., Tokyo
through EntersKorea Co., Ltd. Seoul, Korea

들어가며—

나는 글쓰기를 생업으로 하는 문과 출신이다.

여기서 정의하는 문과 출신은 교양 과목을 잘하거나 날카로운 감성의 소유자 같은 멋있는 이야기가 아니라, 그저 학생 시절에 '수포자(수학을 포기한 학생)'였던 사람을 지칭한다. 나아가 그때의 좌절을 극복하지 못해 수학을 싫어하는 어른이 된 사람을 말한다.

일단 수학 알레르기가 생기면 그때부터 골치 아프다. 잘 살펴보면 별로 어려운 것도 아닌데 수학의 향기가 조금이라도 풍기는 무엇인가가 눈앞에 등장하면 반사적으로 머릿속이 하얗게 되면서 뒷걸음질 치기 때문이다. 그리고 '저는 문과 출신이에요'라는 정체불명의 장막에 숨어서는 나오지 않으려 한다.

그런 나조차 요즘 관심을 갖게 된 분야가 있으니 바로 '통계학'이다.
빅데이터, 데이터 사이언스, 데이터 드리븐 경영 등 최근 비즈니스 분야에서는 툭하면 '데이터'라는 단어가 따라다닌다. 그때 종종 같이 얼굴을 내미는 녀석이다.

통계학(Statistics)—.

만약 수학을 싫어(일명 문과 출신)하는 사람들을 모아서 '아주 편리해 보이지만 잘 모르는 학문 순위'를 만든다면 아마도 상위 3위에 들어가는 학문일 것이다(나머지는 양자역학과 인공지능이 아닐까. 필자의 상상 조사).

비즈니스 서적 코너에서 '통계학'이라는 글자가 시야에 들어올 때마다

나의 뇌는 '아, 또 이놈이구나. 물론 통계학을 이해할 수 있다면 상당한 무기가 되겠지. 하지만 난 문과 출신이야. 괜한 생각은 그만하자'라며 빛의 속도로 통과시켰다. 그래, 궁금하기는 했다.

그러던 어느 날, 편집자 K씨로부터 '재미있는 기획이 있다'고 호출이 왔다.

 담당 편집자 초(超)문과 출신도 이해할 수 있는 통계학 입문서를 만들고 싶어요. 통계학은 왠지 편리할 것 같지 않나요? 글쎄요, 구체적으로 뭐가 편리하냐고 말씀하시면 설명할 순 없지만요. 오호호.

상상하신 대로 K씨도 문과 출신이다.

그런 문과 출신 둘이 기획을 해서 대단한 지혜가 떠오를 리 없다.
이에 후일 이 책의 선생님으로 등장하는 다카하시 신(高橋 信) 씨를 만나 회의를 해봤다. 참고로 다카하시 선생님은 베스트셀러 《만화로 쉽게 배우는 통계학》 시리즈(옴사)의 원작자로 유명한 통계학자이자 저술가이다.

그때 주고받은 내용이 나에게는 충격적이었으므로 (일부는 본문과 약간 겹치지만) 소개하고 싶다.

 나 (고 가즈키) 통계학 입문은 수학을 못하는 사람이 보기에는 전혀 입문 같지 않아요. 아예 시작할 엄두가 안 나요.

 다카하시 신 선생님 아, 그건 시중에 나와 있는 입문서는 대학에서 처음 배우는 사람을 위한 것이니까요. 고교 수학을 알고 있다는 전제하에 풀어나가기 때문에 중고등학교 수포자가 이해하는 건 무리죠.

 편집자 나 그, 그렇게 통계학이 어려운가요!?

 선생님 통계학은 원래 수포자를 대상으로 한 게 아니에요.

 나 그렇다면… 수학의 기본 단계에서 좌절한 저희 같은 사람들은 이해를 못할까요?

 선생님 알기 쉽게 말하자면, 운동을 못하는 사람이 프로레슬러 도장 문을 두드리는 것과 같아요.

 나 으윽! (얼굴이 빨개짐) 하지만 시중에는 《한 권으로 비즈니스에 써먹을 수 있는 통계학!》 같은 책도 있잖아요. 그러니까 이번 기획도 그런 느낌으로 만들 수 있지 않을까요…….

 선생님 아니, 한 권으로 배울 수 있을 리가 없죠(쓴웃음). 학문을 그렇게 우습게 보면 안 됩니다.

 나 (어떻게 하지, 이야기를 어떻게 진행해야 하나) 음, 그러면, 아무튼, 수포자를 위한 통계학을 알기 쉽게 전반적으로 설명해주실 수 없을까요? 책을 두 권으로 만들어도 됩니다(웃음).

 선생님 알기 쉽게, 라는 건 차치하고, 통계학은 여러분이 상상하는 것보다 훨씬 방대해요. 그러니 전반적으로 설명하려면 10권을 만들어도 안 됩니다.

편집자 나 그런가요…… (눈물).

 선생님 그렇게 울상 하지 말아요. 물론 통계학 내용 중에는 수포자도 현대인의 교양으로써 알아두면 좋은 것도 있어요. 통계학은 쉽지 않다는 것도 그중 하나겠지요(웃음). 그럼, 조금 시간을 내어 수포자도 한 권을 끝까지 읽을 수 있는 수업으로 구성해 보죠.

이처럼 '즐겁게 통계학을 배우고 싶다!'는 우리의 얄팍한 속셈은 초전박살 난 셈이 됐지만, 그 수업은 우리 눈이 번쩍 뜨일 만큼 자극적이고도 유익했다.

이번에 다카하시 선생님께 배운 내용은 통계학의 극히 일부에 지나지 않는다.
하지만 통계학이 어떤 학문이고 어떤 상황에서 도움이 되는지 대강 윤곽을 잡을 수 있었다. 통계학의 어려움과 그 한계도 깨달았다. 이제는 엑셀(Excel)로 중회귀 분석도 할 수 있다.

그중에서도 큰 수확이었던 것은 데이터 사회를 살아가기 위한 생존술을 배운 것이다.

예를 들면 과거에 나는 '수치화된 것=데이터'이며, '데이터=사실(fact)'이라고 믿었지만, 세상에는 올바른 통계 처리가 되지 않은 '무늬만 조사'가 넘쳐난다는 것을 알았다.
또 논문과 같이 잘 모르는 비전문가 눈에는 '팩트 그 자체'로 보이는 것도 실은 허점투성이라는 것을 알았다.

수포자들에게 통계학은 '가까이하기에는 너무 먼 학문'이라는 인식은 바뀌지 않았지만 그 세계를 잠깐이라도 들여다봄으로써 엄청나게 많은 것을 얻을 수 있었다.

나와 같은 문과 출신 여러분도 이 책을 통해 통계학의 세상을 들여다볼 수 있기를 바란다!

데이터에 휘둘리지 않는 사람이 된 것 같은

고 가즈키(郷 和貴)

차례

1 일째 통계학의 세계로 오신 것을 환영합니다

1 교시 통계학은 어떤 학문일까?

2 교시 통계학에는 다양한 분석기법이 있다

3 일째 데이터의 분위기를 파악하자!
수량 데이터 편

1 교시 데이터는 먼저 분위기를 파악해야 한다!

2 교시 '데이터가 흩어진 정도'를 수치화해 보자

데이터의 분위기를 파악하자!
범주형 데이터 편

실전!
모집단의 비율을 추정해보자

실전!
중회귀 분석을 해보자

중회귀 분석을 마스터하자!

통계적 가설검정이 뭘까?!

등장인물 소개

가르치는 사람

다카하시 신 선생님

통계학 전문가. 이유는 알 수 없지만, 중국에서 일본어 교사로 일한 적도 있는 미스터리한 경력의 소유자. 아무도 부탁하지 않았고 아무한테도 보여 줄 예정이 없는데도 학창 시절 중고등학생을 위한 수학 교재를 만들었다.

배우는 사람

나 (고 가즈키)
글쓰기가 생업인 순수 문과 출신

중학생 때 이미 수학에 좌절했고 고등학교 미적분 시험에서 0점을 받은 이후 이과 계열과 완전히 인연을 끊고 수학의 '수'자도 보지 않았다. 이처럼 수학 알레르기가 있지만 요즘 트렌드인 통계학에 관해서는 알고 싶은 마음이 든다.

담당 편집자

'통계학은 왠지 편리할 것 같아! 어떻게 편리한지는 잘 모르겠지만!'이라는 막연한 생각으로 나를 끌어들인 사람.

Takahashi CLASS

1
일째

통계학의 세계로
오신 것을
환영합니다

통계학은 어떤 학문일까?

요즘 주목받고 있는 통계학이다. 문과 출신은 숫자만 봐도 어질어질한데 통계학은 더 어려울 것 같은데… 아무튼 통계학이 어떤 학문인지 그것부터 살펴봅시다.

▷ 지난 100년간 크게 발전한 학문

 나 다카하시 선생님, 안녕하세요. 이야, 통계학을 가르치신다고 해서 굉장히 딱딱한 이미지를 생각했는데 오늘도 티셔츠 차림이시네요. 게다가 주먹밥이 그려졌네요? (웃음).

 선생님 고향이 니가타 현이니까요. 니가타는 쌀이 맛있잖아요(웃음). 그건 그렇고 가즈키 씨, 통계학에 관해 얼마나 알고 있나요?

 나 거의 아무것도 모릅니다 (즉답). 예전에 어쩌다 마음먹고 통계학 입문서를 산 적이 있지만 스파이 암호처럼 보이는 공식이 튀어나와서 곧바로 책을 닫았어요.

어떻게 읽어야 할지 모르는 글이나 기호가 나오면 그때부터는 이

해하려는 생각이 사라져요. 문과 출신의 습성이라고 할까요···.

 선생님 아, 그리스문자나 행렬이나 적분 같은 거 말인가요. 이과 계열이 아닌 사람한테는 좀 힘들죠.

 나 네. 너무 힘들어요 (울상). 그런데 통계학은 옛날부터 있던 학문인가요?

 선생님 저는 역사학자가 아니어서 자세히는 모르겠지만 지난 100년간 크게 발전한 학문이에요.

 나 우와. 그런데 선생님, 요즘에는 왠지 모르지만 통계학이 주목받고 있는 것 같은데 왜 그럴까요?

 선생님 글쎄, 왜일까요. 아마 **빅데이터가 회자되고 있어서**가 아닐까요.

기업과 공공기관은 기술 발전 덕분에 다양한 종류의 데이터를 엄청나게 많이 수집할 수 있게 되었습니다. 그 데이터를 묻어두는 건 아까우니 이걸 좀 활용해보자, 그러려면 통계학을 알아야 하니까 공부해보자, 이런 게 아닐까요.

⇨ 통계학은 어디서 쓰일까?

 나 실제로 통계학은 어디서 쓰이나요?

선생님 우리 주변에서 예를 들자면 여론조사가 있죠. 집권 여당 지지율도 이에 해당합니다. 전월 대비 몇 포인트 내렸다는 식으로 언론이 보도하는 거 있죠? 그게 그거에요.

 나 아, 그게 그거로군요. 또 어디에 쓰일까요?

 선생님 비즈니스에서도 통계학을 이용합니다. 아래 그래프는 마케팅 리서치의 예인데 '어느 연령층이 어떤 SNS를 가장 많이 이용하는가'를 조사해서 **대응분석(correspondence-analysis)**'이라는 걸 한 결과에요.

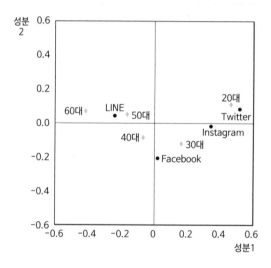

 나 20대는 트위터, 50대는 라인을 가장 많이 이용한다는 뜻인가요?

 선생님 그렇죠!

 나 잠깐 봤을 때는 어려워 보였는데 잘 보니까 엄청 알기 쉽네요.

선생님 그렇죠, 엄청 알기 쉬우니까 어디에 광고를 낼지 기업이 검토할 때 도움이 됩니다. '20대면 트위터에 내야겠다' 같이.

타깃은 20대니까
트위터에 광고를 내자

잠이 잘 오는 베개

 나 시각적 효과가 있으니 설득력이 비교가 안 되게 높네요~

⇨ 의학과 심리학에도 이용된다

 나 마케팅 리서치 외의 분야에서도 통계학을 이용하나요?

 선생님 물론이죠. 예를 들어 의학이 있습니다. A약을 복용한 사람과 B약을 복용한 사람의 데이터를 비교해 어느 약이 잘 듣는지 판단할 때 이용하기도 해요.
그런 목적으로 쓰이는 분석기법은 통계학 입문서에서 많이 소개하는 **'통계적 가설검정'**입니다.

 나 네? 통.계.적.가.설.검.정.이요-???

 선생님 네. 예를 들어 어떤 음료 제조사가 안구건조증에 효과적인 성분을 개발했다고 치죠. 그 성분을 함유한 음료를 피험자에게 하루에 1개, 4주간 마셨을 때의 결과가 이 그래프에요.

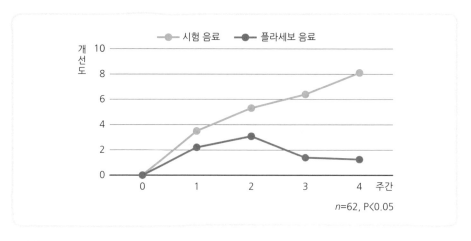

 나 어떻게 해석해야 할지 모르겠는데요 (웃음).

 선생님 하나도 어렵지 않아요. 가로축은 경과 시간이고 세로축이 개선도입니다. 꺾은선 그래프가 위에 있을수록 효과가 나타났다는 뜻이죠.

시험 음료와 플라세보 음료를 비교하는데, 플라세보 음료라는 건 안구건조증에 효과가 있다고 생각하는 성분이 함유되지 않은 것 외에는 시험 음료와 똑같은 위약(僞藥)이에요. 플라세보 음료와 시험 음료 중 무엇을 마셨는지는 피험자도 모릅니다.

 나 위약을 복용했는데도 안구건조증이 좀 개선되었네요? (웃음)

 선생님 그런 걸 '플라세보 효과'라고 하죠. 그런데 그래프 바깥에 'P<0.05'라고 쓰여 있는 것이 통계적 가설검정에 의한 분석 결과에요. 쉽게 말하자면 **'통계학적으로 의미 있는 차이가 인정'**되었다

는 뜻입니다.

 나 음. 그런데 단순한 호기심인데요, 의사들은 모두 통계학을 잘 알고 있나요?

 선생님 학생 시절에 기초는 배웠겠죠. 모두 총명하니까 이해하고 있을 겁니다.
다만 의대생 모두가 전문적인 내용까지 배우진 않을 테니 논문 집필 등으로 졸업생이 통계를 분석해야 할 때는 업체에 맡기기도 합니다.

 나 그렇게 현실적인 이야기, 정말 좋은데요.

 선생님 자, 다음은 심리학을 예로 들어보죠. 심리학에서는 인과관계를 모색하고 검증하기 위해 통계학을 이용합니다.

그림을 볼까요. 심리학에서 약간 동떨어진 예일 수도 있지만, 병원 종합 만족도에 관한 겁니다. 화살표는 인과관계를 의미합니다. 화살표가 시작되는 부분이 원인이고 끝부분이 결과에요.

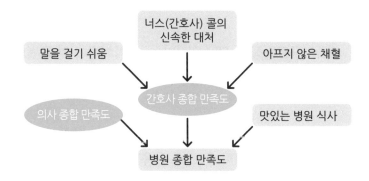

 나 박스를 사각형과 타원형으로 나눈 이유가 뭘까요?

선생님 사각형 안의 내용은 설문조사 등의 데이터를 의미해요. 예를 들어 '말을 걸기 쉬움'은 환자에게 '이 병원의 간호사에 대한 말을 걸기 쉬움을 5단계로 평가해 주십시오' 같은 질문을 하고 그 대답을 엑셀로 입력하는 거죠.

 나 그러면 타원형은요?

 선생님 분석자가 '이것이 있다고 가정하면 인과관계를 잘 설명할 수 있을 텐데'라고 생각한 상상의 변수입니다.

 나 상상의 변수? 그런 걸 넣어서 분석할 수 있나요?

 선생님 할 수 있습니다. 그래서 이 그림의 인과관계는 어디까지나 내가 세운 가설입니다. 내 가설이 진실과 일치한다고 볼 수 있을지 없을지를 통계학으로 검증할 수 있어요.

 나 대단한데요!

 선생님 '구조방정식 모델링'이라는 분석기법이 사용됩니다. 참고로 수학적 난도는 상당히 높은 편이에요.

 나 실은 전 문학부 전공이어서 심리학을 약간 공부했었는데, 구조 따윈 금시초문이네요 (쓴웃음).

⇨ 통계학은 쉽지 않다!

 나 다양한 곳에서 통계학을 사용한다는 건 이제 알겠습니다. 그런데 통계학은 언제 배우는 걸까요?

 선생님 분야에 따라 달라요. 예를 들어 이공계 계열의 대학생이라면 정도의 차이는 있겠지만 대체로 한 번 정도는 배웁니다.
문과 계열 중에서는 예를 들어 심리학부생들은 문과라고 하기 힘들 정도로 난해한 분석기법을 배우기도 합니다.

 나 으아~

 선생님 그런데 수학적인 관점에서 보면, 문과는 말할 것도 없고 이과 학부생들도 통계학을 공부하다가 도중에 나가떨어지는 학생들이 적지 않은 모양이에요.

 나 어, 이과도요? 왜 그럴까요?

 선생님 어디에 써먹을지 모르는 상태에서 배우기 때문이죠.

통계학은 'A약보다 B약이 더 효과적입니다', '이 광고를 신문에 낼 때는 국제면에 내야 합니다'라는 식으로 **다른 사람을 설득하는 경우에 많이 쓰입니다.** 학교를 졸업하고 사회생활을 하는 사람은 프레젠테이션이나 경합, 예산 절충 등 여러 경우에서 남을 설득해야 하죠.

하지만 학생들은 데이터까지 써가며 타인을 열심히 설득해야 할 일이 거의 없어요. 당연히 통계학을 공부해도 현실적으로 와 닿지 않겠죠? 그래서 머리에 들어오지 않는 거예요.

 나 하긴 제가 학생이었을 때도 남을 열심히 설득했던 일은 기억이 안 나네요.

 선생님 학생들은 '이런 걸 공부해서 무슨 소용이 있을까?'하고 목적의식 없이 강의를 듣고 통계학은 어렵다는 인식만 남은 상태로 취업합니다.
그러다가 상사한테 '이제부터는 데이터의 시대다. 자네는 학교에서 통계학을 공부했으니까 분석도 잘하겠지?'라는 말과 함께 일을 떠맡게 되죠. 하지만 사실은 아는 게 없어요, 그때부터 정신이 혼미해지는….

 나 '그거 내 얘기'라고 생각하는 독자들도 있을 것 같아요.

 선생님 그렇겠죠.

 나 음, 어떻게 말해야 할지…. 지금 제가 배운 건 '통계학은 문턱이 높을 것 같다'는 겁니다 (눈물).

선생님 겁을 줄 생각은 없지만 어느 정도 고생할 각오는 해야 합니다.

 나 (역시 그렇구나…) 그럼 통계학을 공부하려면 수학 지식이 어느 정도 필요할까요? 대학 수학 정도일까요?

 선생님 일단 고등학교 이과 수학이 기준이 되겠네요. 그 정도 수준이면 다양한 분석기법을 배울 때의 토대가 될 수 있습니다. 중간에 막히는 부분이 있어도 '이 개념은 대충 이런 뜻인가?'하고 유추해 볼 수 있어요.

하지만 중학교 수학을 잘하지 못하거나 고등학교 문과 수학 수준이라면 아무래도 통계학의 입구에서 서 있는 정도에 그치겠죠.

 나 으허… 이 책은 저 같은 문과 출신이 대상인데, 저도 통계학의 기초 정도는 이해할 수 있을까요?

 선생님 그럼요. 안심하세요!

다만 굳이 명확하게 말해 두자면, 중고등 때 좌절한 이후 성인이 되어서도 수학과 거리를 둔 사람이 지금부터 통계학을 제로부터 배워서 다양한 분석기법을 통해 데이터를 분석하거나 단기간 내에 빅데이터를 다룰 수 있는가 하면 그건 무리입니다.

 나 무리! 단호박이시군요….

선생님 생각해 봐요. 만약 가즈키 씨의 마흔이 넘은 친구가 《중학교 영어를 다시 배우는 책》을 갖고 다니면서 '지금부터 공부해서 통역가가 될 거야!'라고 한다면 뭐라고 말할 건가요?

 나 '꼭 이루어질 거야. 힘내!'라고 해주고 싶지만, 상대가 친한 친구라면 '그건 무리야. 현실에 눈을 떠!'라고 분명하게 조언할 것 같아요.

 선생님 인생은 길어요. 그러니까 중학교 수학부터 다시 시작해서 10년 정도 통계학을 정말 꾸준히 공부한다면 전문가 수준이 될 수도 있겠죠.
하지만 실제로 그것이 가능하냐 하면, 음, 글쎄요.

 나 그렇게까지 말씀하시면…. 알겠습니다. 짧은 시간이었지만 많이 배웠습니다. 안녕히 계세요.

 선생님 아니아니, 서두르지 말아요 (당황).
이건 개인적인 생각이지만 서점에 있는 통계학 책에 종종 보이는 '이 책을 읽으면 초보자도 통계학을 마스터할 수 있습니다! 업무에 자유롭게 활용할 수 있습니다!'라는 홍보문구는 무책임한 소리입니다.

통계학 입문자들이 제일 먼저 알아야 할 것은 **'통계학은 수학적으로 쉽지 않은 학문'**이라는 사실입니다.

⇨ 데이터 리터러시를 높여라!

 나 통계학의 난도가 높다면 선생님의 수업 목표는 무엇인가요?

 선생님 바로 가즈키 씨의 '데이터 리터러시(Data literacy)'를 향상시키는 것입니다.

 나 리터러시요?

 선생님 네. 데이터 리터러시가 없으면 아무래도 잘 휘둘리더라고 요.

 나 그게 무슨 말씀이신가요?

 선생님 예를 들어 리서치 업체가 공표한 설문조사 결과나 연구자의 논문을 보고 '그래, 이게 진실이구나!'라고 그대로 받아들이는 거죠.

우와~
이런 조사 결과가
있구나

무언가
굉장한
조사

 나 앗, 그러면 안 되는 건가요?

선생님 예를 하나 들어보자면, 앞에서 정부 지지율 이야기를 했죠? 실은 주요 언론이 보도하는 정부 지지율의 수치는 거짓입니다.

 나 네!?

 선생님 예를 들어 NHK의 조사에 따르면 2020년 7월 정부 지지율은 36%라고 합니다. 하지만 나는 이 수치가 거짓이라고 단언할 수 있어요. 왜 그런지 아나요?

 나 조사 방법에 문제가 있는 걸까요…?

 선생님 그런 고차원적 얘기는 아닙니다. 왜 거짓이라고 단언할 수 있냐면 NHK는 지지 여부를 나한테는 묻지 않았거든요. 나도 유권자인데 말이죠.

 나 그러고 보면 저한테도 물어본 적이 없네요. 평생 한 번도 그런 질문을 받아본 적이 없어요.

 선생님 가즈키 씨도 그렇군요. 아무튼 NHK가 발표한 36%라는 수치는 거짓입니다. 그런데 그 수치가 엉터리인가 하면 절대로 그렇진 않아요.

통계학에서는 **조사대상자 전원의 집단을 '모집단'**이라고 합니다. 정부 지지율의 경우 모집단은 일본의 모든 유권자입니다. 만약 NHK가 진정한 정부 지지율을 파악하고 싶었다면 일본의 모든 유권자에게 질문해야 하겠죠.

 나 하지만 매월 모든 유권자에게 '현 정부를 지지하냐'고 묻는 건 현실적으로 어렵지 않을까요?

 선생님 그렇죠. 그래서 NHK가 어떻게 하냐면, 모집단에서 몇 명을 골라서 그 사람들에게 질문을 던집니다. **선출된 사람들의 집단을 '표본'**이라고 합니다. 참고로 통계학에서는 **선출하는 것을 '선출'이 아니라 '추출'**이라고 불러요.

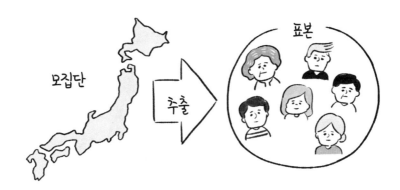

 나 알겠습니다.

 선생님 통계학은 '**모집단에서 골고루 추출된 표본에서의 정부 지지율이 ▲%이므로 모집단의 정부 지지율도 대체로 이럴 것이다**'라고 추측합니다.

 선생님 정리하자면 통계학은 **표본 데이터에서 모집단의 상황을 추측하는 학문**입니다.

 나 '모집단도 대체로 그럴 것이다'라는 점이 너무 낙관적으로 보여서 석연치 않은데요….

 선생님 가즈키 씨가 석연치 않아 하는 것도 이해됩니다. '표본에서의 정부 지지율이 ▲%이니까 모집단의 정부 지지율도 대체로 그럴 것이다'는 추측이 성립하려면 **모집단에서 표본이 골고루 추출되는 것이 전제**되어야 합니다.

 나 그건 다시 말해 '표본 전원이 80세 이상인 어르신'이라거나 '표본 전원이 연 수입 2천만 엔 이상의 고소득자'이면 안 된다는 거네요.

일본 유권자의 표본······??

선생님 맞습니다. 모집단에서 표본을 골고루 추출하려면 어떻게 하면 되는지는 2일째 수업에서 자세히 설명하겠습니다.

⇨ 통계학에는 두 종류가 있다

 나 표본 데이터에서 모집단의 상황을 추측하는 것이 통계학인가요?

 선생님 실은 통계학은 두 종류가 있습니다. '추리통계학'과 '기술통계학'입니다. 앞에서 설명한 것은 추리통계학이에요.

 나 그럼 기술통계학은 뭐죠?

 선생님 추리한다는 발상이 없는 통계학입니다. 좀더 풀어서 말하자면 데이터를 정리함으로써 집단의 상황을 최대한 간결하게 표현하는 것이 목적인 통계학입니다.

 나 그렇다면…?

 선생님 총인구에서 차지하는 30세 미만 인구의 비율을 계산하거나 학교 교사가 반 평균을 계산하는 걸 예로 들 수 있겠네요.

 나 아하! 그건 추리를 하려는 게 아니군요.

⇨ 신흥세력 '베이즈 통계학'이란?

 선생님 '베이즈 통계학'이라고 들어본 적이 있나요?

 나 아뇨, 무슨 일인지 전혀 모르겠어요.

 선생님 참고사항 정도로 조금만 설명할게요.
우리 수업에서 설명하는 통계학은 일반적인 것입니다. 평범한 통계학이라고 생각하면 됩니다. 그와 쌍을 이루는 것이 베이즈 통계학(Bayesian statistics)입니다.

 나 쌍을 이룬다는 게 무슨 뜻일까요?

 선생님 오른손과 왼손이라든지, 동쪽과 서쪽이라든지, 야구의 메이저리그와 마이너리그 같은 관계입니다. 어느 쪽이 더 훌륭하거나 대단하다는 뜻은 아닙니다.

 나 학교에서는 무엇을 배우나요?

 선생님 고등학교까지는 일반적인 통계학이죠. 대학에서도 원칙은 그쪽이지만 분야에 따라서는 달라질 수 있어요. 경제학이나 심리학, 기계학습 등에서는 베이즈 통계학을 배울 기회도 있습니다.

 나 일반적인 통계학과 베이즈 통계학은 무엇이 다른가요?

선생님 <u>확률에 대한 생각이 달라요.</u>

 나 확률이요???

 선생님 네. 그 점을 이해하기 위해 문제 두 개를 준비했습니다. 생각해 보세요. 먼저 첫 번째 문제입니다.

문제 1 뒤틀림이 없이 정교하게 만든 주사위를 던졌을 때 1이 나올 확률은?

 나 혹시 선생님, 절 너무 바보로 보시는 거 아닌가요? 당연히 $\frac{1}{6}$이죠.

 선생님 정답! 그러면 두 번째 문제를 풀어 봐요.

문제 2 집 근처에 문을 연 라면 가게가 1년 뒤에도 버틸 확률은?

 나 네??? 제가 그걸 어떻게 알겠어요.

 선생님 대답할 수 없죠? 주사위라면 몇 번이고 던질 수 있지만 라면 가게는 개업과 폐업을 반복할 수 없으니까요.

나 그건 그렇죠.

 선생님 하지만 우리는 일상생활에서 문제 2와 같은 경우에 맞닥뜨리면 아무 생각 없이 답을 내놓습니다.

예를 들어 '지금까지 편의점이나 다이소 등 저 건물 1층에 입점한 가게는 1년은커녕 반년에 못 버티고 다 망했어. 그러니까 저 라면 가게도 그렇게 될 거야.' 이런 식이죠.

다시 말해 <u>그렇게 생각하는 사람은 문제 2의 답을 '0'이라고 보는 거죠.</u>

 나 흠.

 선생님 그런데 이렇게 생각하는 사람도 있어요.

'어제 저 라면 가게에서 먹어봤는데 꽤 맛있었고 지금도 줄을 서 있는 거 보면 1년은 버티지 않을까?'

<u>이 사람에게 문제 2의 답은 1이겠죠.</u>

 나 그럼 '버틸 거 같기도 하고 그렇지 못할 거 같기도 하고'라고 결론을 내리지 못하는 사람한테 문제 2의 답은 '아마도 $\frac{1}{2}$'가 되는 건가요?

 선생님 그렇죠.
그런 <u>'개인적 신념의 정도'를 확률이라고 해석하는 것이 베이즈 통</u>

계량입니다.

 나 개인적 신념의 정도라는 '주관'을 확률로 나타내는군요. 신선한데요!

통계학에는 다양한 분석기법이 있다

통계학의 분석기법에는 앞서 선생님이 소개해주신 것뿐 아니라 더 많은 종류가 있다. 하나씩 살펴보자.

⇨ 대표적 분석기법① 중회귀 분석

 나 분석기법이 여러 가지가 있다는데, 예를 들어 어떤 게 있을까요?

 선생님 대표적인 것을 아주 간단히 3가지만 봅시다.

> ・중회귀 분석
> ・로지스틱회귀 분석
> ・주성분 분석

 나 이름을 들어본 게 하나도 없네요….

 선생님 먼저 '**중회귀 분석**'부터 볼까요?
이 방법은 덮밥 체인점이나 마트 등이 '점포 면적'과 '최단 거리

역과의 거리'와 '상권 인구'로부터 '월 매출'을 예측하는 경우에요.

중회귀 분석을 하면 이런 식이 도출됩니다.

$$y = 2.2x_1 - 5.4x_2 + 48.1x_3 + 305.2$$

1월 매출	점포 면적	가까운 역 과의 거리	상권 인구

 나 으악!

 선생님 침착해요. 그렇게까지 어려운 내용이 아니에요. 이 식의 x_1 와 x_2와 x_3에 여러 값을 대입해서 월 매출인 y를 예측합니다.

 나 이 식은 어디서 도출된 건가요?

 선생님 기존 매장의 데이터를 통해서죠.

 나 호오~

 선생님 중회귀 분석은 수업 마지막 날에 다시 자세하게 설명하겠습니다.

 나 저도 이해할 수 있을까요…?

선생님 물론이죠. 쉽게 설명할 테니 걱정하지 말아요.

 나 만약 이해가 안 간다면 마지막 날 내용은 이 책에서 삭제하겠습니다 (웃음).

⇨ 대표적 분석기법② 로지스틱회귀 분석

 선생님 다음은 '로지스틱회귀 분석'이라는 기법입니다.

 나 로지스틱....물류요?

 선생님 그런 뜻이 아닙니다 (웃음).
이것은 **확률을 예측하기 위한 분석기법**이에요.

 나 무슨 확률이요?

 선생님 광고를 클릭해 줄 확률이나 어떤 병에 걸릴 확률, 법안에 찬성할 확률이라든가.
예를 들면 나이, 성별, 직업 데이터로부터 로지스틱회귀 분석으로 식을 도출하면, 이 사람이나 저 사람이나 그 사람이 클릭할 확률을 예측할 수 있어요.

 나 '야마다 씨가 클릭할 확률은 79%다!' 이런 건가요?

 선생님 그렇죠. 다만 구할 수 있는 확률은 79%가 아니라 0.79로 소수입니다.

덧붙여서 로지스틱회귀 분석으로 도출되는 식은 문과 춘신에게는 좀 자극적일 것 같은데…. 볼래요?

나 물론이죠!

선생님 그럼…(눈치)

$$y = \frac{1}{1+e^{-(a_1x_1 + a_2x_2 + \cdots + a_px_p + b)}}$$

나 아무래도 안 되겠어요(웃음).

이게 뭔가요? e라니요. 게다가 이건 마이너스 승수?

선생님 e는 '네이피어 상수(Napier's constant)'라고 하는데, 2.7182… 이런 식으로 영원히 이어지는 숫자입니다.

나 원주율의 π(파이) 같은 느낌일까요?

선생님 그렇습니다. 참고로 네이피어 상수라는 명칭은 16~17세기에 살았던 존 네이피어의 이름에서 유래합니다.

➡️ 대표적 분석기법③ 주성분 분석

선생님 다음으로 넘어갑시다. 이번에는 **'주성분 분석'**입니다.

이것도 분석기법으로써는 상당히 주류에 속하는데, **'종합 ○○능력'이라는 변수를 고안하기 위해** 사용됩니다.

나 고안한다고요? 무슨 뜻인지 잘 모르겠어요….

선생님 예를 들어 국어, 영어, 수학, 사회, 과학이라는 다섯 과목으로 '종합 학력'이라는 변수를 고안할 필요가 있다고 합시다. 가즈키 씨라면 어떻게 할래요?

나 각 교과목이 100점 만점이면 다섯 과목의 총점을 '종합 학력'으로 판단하면 되지 않을까요?

선생님 그렇군요. 여기서 엑셀로 만든 표를 한 번 볼까요? 1열에는 학생의 이름, 2열부터 6열까지 각 학생의 과목별 점수가 입력되어 있죠. 이 시점에서는 가즈키 씨가 생각한 '종합 학력'이라는 열은 존재하지 않습니다.

	국어	수학	과학	사회	영어
학생 1	64	67	69	46	85
학생 2	96	52	59	100	93
학생 3	87	54	85	77	62
학생 4	78	78	96	63	88
학생 5	90	53	98	54	51
학생 6	83	95	98	68	53
학생 7	84	99	90	70	79
학생 8	96	83	100	87	76
학생 9	77	76	68	82	54
학생 10	76	95	81	73	94

나 네

선생님 그런데 가즈키 씨가 생각한 '종합 학력'이라는 열을 새롭게 집어넣고 거기에 각 학생의 교과 합계점수를 입력했다고 합시다. 그 말은 즉, '종합 학력'이라는 새로운 변수와 데이터를 고안했다는 뜻이죠.

고안했어!

국어	수학	과학	사회	영어	종합 학력

 나 아하, 그게 '고안한다'는 뜻이군요.

 선생님 그렇죠. 다만 '종합 학력'을 주성분 분석을 통해 고안할 때는 다섯 과목의 합계점수가 아니라 주성분 분석 특유의 계산을 해야 합니다.

 나 흠. 주성분 분석이라는 게 그밖에 어떤 상황에서 쓰이나요?

 선생님 글쎄요, '관객 동원 수'나 '트위터 리트윗 수' 등을 근거로 '2019년 개봉한 영화의 종합 인기도'를 고안하는 건 어떨까요?

 나 그거 재밌을 것 같네요.

 선생님 이상, 통계학의 대표적인 분석기법을 소개했습니다.

빅데이터의 환상에 넘어가지 마라!

AI 시대가 도래해 빅데이터가 사람들의 생활을 더 풍요롭게 해 줄 것이다. 막연히 그렇게 생각하는 사람은 많지 않을까? 그렇지만 선생님 말씀을 듣고 있으면, 그게 그렇게 단순하지 않은 것 같은…?

⇨ 빅데이터는 만능 해결사?

나 지금은 빅데이터 시대죠. 데이터 양이 폭발적으로 증가했으니 그에 비례해서 유익한 분석 결과도 비약적으로 늘어나겠네요.

선생님 그런 오해를 하는 분들이 많은데 아닙니다.
'데이터가 많으면 뭔가 좋은 일이 있을 것'이라는 사람들의 생각은 환상이에요.

예를 들어 간장 4천만 병과 설탕 6억 봉지가 있다고 맛있는 음식을 만들 수 있나요? 적어도 카레는 절대로 못 만들어요.

그럼 어떻게 하면 카레를 만들 수 있나 하면 카레를 만들기로 정하고 그에 맞는 식재료를 모아서 요리해야 합니다.

 나 하기야 간장과 설탕이 아무리 많이 있어도 카레를 만들 순 없겠네요.

요컨대 <u>데이터가 아무리 넘쳐흘러도 분석 목적에 맞지 않으면 쓸모가 없다는 말씀이시죠?</u>

 선생님 맞아요. 참고로 저는 옛날에 데이터 분석 회사에서 일했는데, 그때부터 좀 마음에 걸리는 점이 있었어요.

 나 그게 뭔가요?

 선생님 분석을 맡기는 분은 아마 스스로는 분석할 수 없으니까 그렇게 하는 거겠죠.

그것은 별문제가 없지만 내가 마음에 걸린 것은 '다카하시가 일하는 회사 같은 데이터 분석 회사는 대단히 지적인 사람들이 모여 있으니 돈과 데이터만 건네주면 기적 같은 분석 결과가 나올 거야'라고 믿는 사람이 적지 않을 것 같다는 점입니다.

심지어 '당신, 요리사잖아. 돈은 낼 테니까 이 당근 1만 개로 뭔가 맛있는 것 좀 만들어 줘'라고 요구하는 수준의 의뢰를 받기도 했어요….

 나 세상의 데이터 리터러시는 낮은 편인가요?

 선생님 유감스럽게도 높은 편이라고 할 수는 없어요.

⇨ 데이터에 기반한 경영의 어려움

 나 대기업은 사내에서 직접 어려운 분석기법을 활용해 전략을 세우나요?

 선생님 예를 들어 대기업 전자업체의 연구소라면 통계학에 관해 대단히 뛰어난 지식을 가진 사람도 많이 있겠죠.
데이터 사이언티스트나 데이터 애널리스트 등으로 불리는 사람들도 유명 대학의 이공계 출신일 것이니 통계학에 관한 지식은 확실히 있을 겁니다.

하지만 대기업이라도 마케팅 리서치 같은 부서는 어떨까요?
가령 수학 알레르기가 있는 직원이 마케팅 부서에 배치되었다고 합시다. 몇 년 뒤 다른 부서로 갈 수도 있는데, 굳이 통계학 공부를 시작할까요? 좀 어렵지 않을까요?

 나 그런가요?

 선생님 벌써 15년도 전 이야기입니다만, 유명 기업의 그런 부서 사람들을 대상으로 강연을 한 적이 있어요.
십지어 수강자는 전원이 중국인이었어요. 중국인을 상대로 일본어로 통계학 이야기를 하는 귀중한 경험이었습니다. 고급스러워 보이는 멋진 정장과 안경을 착용한 남자가 있었죠.

그나저나 저 같은 사람을 불러 이야기를 듣는 정도이니 통계학 지식이 풍부하지 않은 편이라고 자연스럽게 판단할 수 있었습니다.

 나 하긴 그렇겠네요. 그럼 실제로 통계학을 모르는 담당자가 어떻게 분석을 의뢰하거나 납품물을 검품할까요?

 선생님 직접적인 답변은 아니지만 옛날이야기가 생각났어요. 들어 보세요.

 나 넵.

 선생님 한 대기업이 한 회사에 분석을 의뢰해서 그 회사가 제가 다니는 회사에 의뢰한 적이 있었어요.

 나 원청업체가 하청업체에 분석 업무를 그대로 토스했군요.

 선생님 그렇죠. 제가 분석해서 그 결과를 원청 담당자에게 설명했지만 도무지 이해를 못하는 겁니다.

결국에는 그 담당자가 '우리 회사 직원인 척하고 거래처에 같이 가서 대신 보고해달라'고 간청하더군요. 일을 시작한 지 얼마 되지 않았을 때여서 뭐라고 답해야 할지 당황스러웠습니다.

 나 그래서 어떻게 하셨나요?

 선생님 상사에게 이야기했더니 그건 안 된다는 대답을 들었습니다. 지금 생각하면 당연한 일이죠.

 나 결국 어떻게 되었나요?

 선생님 원청 담당자에게 '분석 결과 중 이 부분은 이렇게 설명하면 됩니다'라는 설명을 써주었고 보고하는 자리에는 동석하지 않았어요.

 나 그 담당자는 보고하는 내내 아마 제정신이 아니었을 거예요.

 선생님 그렇겠지요.
다만 그의 마음속은 어떻든 고객은 나름대로 만족했을 가능성이 있습니다.

 나 무슨 일이죠?

 선생님 제가 동석하기를 원했던 원청 담당자는 사실은 자신이 무슨 말을 하는지 모르지만 아무튼 메모에 적힌 대로 보고했겠죠.

그 설명을 들은 거래처 담당자나 그 상사는 통계학 지식이 부족하니까 무슨 말인지 잘 모르겠지만, '의뢰한 업체가 좋은 결과라고 하니까 그렇겠지' '그럼 이 결과에 근거해 우리 회사의 미래를 생각해 보자'라고 판단했을 겁니다.

제 경험으로 보면 충분히 있을 수 있는 얘기입니다.

 나 그, 그래도 되는 건가요!?

 선생님 적어도 단기적으로는 큰 문제가 있진 않아요. 오히려 의뢰한 곳은 분석 결과를 긍정적으로 받아들인 셈이고 원청회사에는 돈이 입금되고, 둘 다 해피엔딩이니까요.

데이터를 실제로 분석한 나는 '세상이 이래도 되나?'라고 석연치 않았지만요.

 나 그런 상황은 일본만 그럴까요?

 선생님 음, 어떨까요? 하지만 그 가능성을 생각해 보는 것은 쓸데없는 일은 아니에요. 사방에서 글로벌, 글로벌이라는 말이 들리는 세상이니까요.

⇨ 이 책으로 데이터 리터러시 높이자!

 선생님 통계학을 마스터하는 길은 멀지만, 데이터 리터러시를 높이는 게 목적이라면 결코 길지 않습니다.

다음은 제 수업을 통해 가즈키 씨가 배울 내용입니다.

1일째 [리터러시 향상]
통계학의 개요를 알아본다 ← 오늘 수업!

2일째 [리터러시 향상]
무작위 추출의 중요성을 알다

3일째 [기초 지식]
데이터의 분위기를 파악한다 전편

4일째 [기초지식]
데이터의 분위기를 파악한다 후편

5일째 [기초지식]
정규 분포를 배운다

6일째 [실용 스킬]
모집단의 비율을 추정한다

7일째 [실용 스킬]
중회귀 분석으로 미래를 예측한다

 나 꽤 많네요(식은 땀).

 선생님 내용상으로는 2일째가 독립적이고, 이 날의 수업 내용만 들어도 사물을 보는 관점이 많이 달라질 겁니다.

극단적으로 말하자면 통계학의 분위기를 대략적으로 파악하면 되는 사람들은 이번 차시와 다음 수업만으로도 충분합니다.

그렇지만 저로서는 모처럼의 기회이니까 실용적인 분석기법도 소개하고 싶습니다. 그래서 6일째에 배우는 모집단의 비율 추정과 7일째의 중회귀 분석을 선택했어요. 그걸 이해하기 위한 수업이 3일째부터 5일째까지입니다.

 나 3일, 4일째인 '데이터의 분위기를 파악한다'는 무슨 뜻일까요?

 선생님 요리를 예로 들자면 채소 껍질을 벗기거나 고기를 자르는 등 밑 작업을 말합니다. 데이터를 취급할 때 꼭 알아야 하는 지식을 그때 머릿속에 집어넣게 되죠.

 나 네. 그럼 5일째의 '정규 분포'는 뭘까요?

 선생님 지금은 한마디로 표현하기 어려우니 수업 날을 기대해주세요.

 나 네~

 선생님 이러한 7일간의 지식만 알아도 우리 생활과 업무에 반드시 도움이 됩니다.
잠시 통계학의 세계에 푹 빠져봅시다.

 나 잘 부탁드립니다!

→ 조사대상자 전원의 집단을 '모집단'이라고 한다.

→ 모집단에서 선정한 사람들의 집단을 '표본'이라고 한다. 이때 선정하는 것을 '추출'이라고 한다.

→ 통계학은 '추리통계학'과 '기술통계학'으로 나뉜다.

→ '추리통계학'은 표본 데이터에서 모집단의 상황을 추측하는 학문이다.

→ '기술통계학'은 데이터를 정리함으로써 집단의 상황을 최대한 간결하게 표현하는 것이 목적인 학문이다.

→ 엄청난 양의 데이터가 있어도 분석 목적에 맞지 않으면 쓸모가 없다.

→ 데이터 리터러시를 높이는 여정은 결코 길지 않다.

Takahashi
CLASS

일째

'무늬만 조사'에
휘둘리지 않는
무작위 추출법

조사의 신뢰성은 '무작위 추출법'으로 결정된다!

데이터 리터러시를 향상시키는 첫걸음은 '무작위 추출법'을 이해하는 것입니다. 우리 주변의 조사 결과가 정말 믿을만한 것인지 판별할 수 있습니다!

➡ '무늬만 조사'에 속지 마라!

 나 오늘은 뭐하기로 했죠?

 선생님 데이터 리터러시를 높이는 데 매우 중요한 **무작위 추출법**을 설명합니다.
본론으로 들어가서 이쪽의 사이트를 봐주세요.

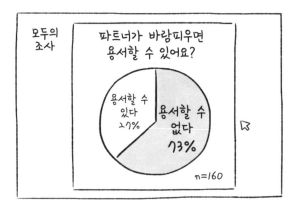

모두의 조사

파트너가 바람피우면 용서할 수 있어요?

용서할 수 있다 27%

용서할 수 없다 73%

$n=160$

 나 음? 인터넷 투표 결과네요.

선생님 이걸 보면 어떤 생각이 드나요?

 나 세상 사람들이 이렇게 생각하는구나~ 이렇게 생각하네요.

 선생님 그렇군요. 이건, 내가 보기엔 그저 쓰레기예요. 이렇게 어설픈 '무늬만 조사'를 보내다니 믿을 수가 없어요!

 나 화가 나셨군요.
그런데 어디가 어설픈가요?

 선생님 이 '무늬만 조사'에 답한 사람들은 <u>모집단에서 무작위로 추출한 게 아닙니다. 일단 모집단의 정의가 불분명해요.</u>

 나 그건 그렇네요. 인터넷에서 투표 접수를 받는다는 걸 알고 답한 사람들의 데이터를 집계한 것뿐이니까요.
하지만 회당자가 16,000명이나 되니까 신뢰성이 높지 않을까요?

 선생님 16,000명이라고 하면 많아 보이겠지만 일본 전인구의 0.01%밖에 되지 않아요. 0.01%는 가령 일본 인구가 1만 명이라고 하면 그중 한 명만 대답한 겁니다.

 나 그렇게 희소한 존재인가요!

 선생님 이 기획 담당자는 '인터넷상에서 투표를 접수하면 요즘 트렌디한 언론처럼 보이고 페이지뷰도 쌓이니까 아주 좋은

'무늬만 조사'에 휘둘리지 않는 무작위 추출법

57

방법이야' 정도로 대수롭지 않게 생각했을 수도 있습니다. 그런데 통계학에 대한 지식이 없는 사람이 이 결과를 본다면 어떤 생각이 들까요?

 나 아까 저처럼 16,000명이라는 응답자 수와 원그래프를 보여주면 '진실'이라고 오해할 수 있겠네요.

 선생님 그렇죠. 이런 '무늬만 조사'를 공표하다니 양식이 없는 말도 안 되는 행동입니다!

 나 속지 않도록 조심해야겠어요.

 선생님 아 맞다, 이 장의 제목인 무작위 추출법에서 이야기가 벗어났는데 '무늬만 조사' 이야기와 연관이 있는 건 학술 논문에도 같은 점을 말할 수 있어요. 논문은 객관적으로 읽어야 합니다. 연구자는 성실하게 썼겠지만 제삼자가 볼 때 매우 이상한 점이 있습니다.

 나 그렇지만 논문은 저 같은 아마추어가 보면 굉장히 과학적이고 믿을 수 있는 것처럼 보이는데요…. 표본이 편중되어 있다든가?

 선생님 그럴 수도 있지만 저는 다른 문제를 지적하고 싶어요. 예를 들어 가즈키 씨, 어제는 아침, 점심, 저녁으로 무엇을 얼마나 먹었나요?

 나 어, 어제 식사요? 음… 아침에는 토스트 1장과 요구르트 1개였고, 점심에는… 국수였나? 저녁은 생선조림하고 밥 한 공기, 그리

고 뭐였더라. 음? 국수는 그저께였나? (땀 삐질)

 선생님 자연스러운 반응입니다. 그런 식으로 예를 들어 노인 건강에 대한 연구자가 피험자에게 '어제 뭘 먹었는지?' 물어본 결과를 엑셀에 입력했다면 어떻게 될까요?

 나 저도 이런데, 정확도가 떨어지는 데이터가 될 거 같아요.

 선생님 연구자가 피험자를 온종일 모니터링하면서 식사 내용을 기록한다면 이야기는 달라집니다. 하지만 대면이나 전화로 '어제는 무엇을 먹었습니까?' '쌀밥이요.' '몇 그릇을 드셨나요?' '작은 밥그릇으로 두 공기…어라? 세 그릇이었나?' 이런 데이터가 몇백 명분 축적되었다고 합시다.

'작은 밥그릇'이 구체적으로 어느 정도 크기인지도 잘 모르겠고, 애초에 정직하고 정확하게 답해야 할 의무도 없죠.

 나 데이터의 양은 많이 있어도 질을 믿을 수 없을지도 모른다는 것이군요.

선생님 물론 대형 제약사가 신약을 개발할 때 취급하는 데이터가 부적절하다면 회사가 망할 수도 있으니 제대로 하고 있겠죠. 제가 말하고 싶은 것은 논문이라고 할까 연구 결과가 주요 매체에 소개되었어도 일단은 의구심을 품는 편이 낫다는 거예요.

⇨ 신뢰할 수 있는 조사를 하고 싶다면 '무작위 추출법'을!

 선생님 자, 오늘 꼭 이해해야 할 점은 추리통계학의 근간을 이루는 **무작위 추출법**의 중요성입니다.

예컨대 정부 지지율 조사 대상자는 80세 이상의 어르신만 해도 의미가 없고, 연봉 2천만 엔 이상의 고소득자만 해도 의미가 없죠. 모집단인 모든 일본 유권자의 상황을 적절히 추측하려면 **표본이 모집단의 정교한 미니어처가 되어야 합니다.**

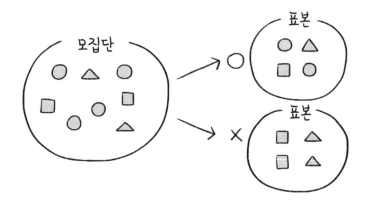

 나 지당한 말씀이네요.

 선생님 그래서 등장한 방법이 **모집단에 속하는 사람들이 똑같은 확률로 뽑히는 걸 목표로 한** 무작위 추출법입니다.

나 '법'이 붙을 정도면 방법이 확립되어 있는 건가요?

 선생님 네. 다만 무작위 추출법은 그 방법들을 아울러서 가리키는 '총칭'이며 세세하게는 '무슨무슨 법'이 다양하게 존재합니다.

 나 예를 들면 어떤 게 있을까요?

 선생님 <u>층별 2단 추출법</u>을 아세요? **층화 2단 추출법**이라고도 합니다. 일본 내각부의 <국민 생활에 관한 여론 조사> 등에서 사용됩니다.

 나 제목은 얼핏 본 것 같기도 하네요.

 선생님 오늘은 무작위 추출법 중 다음 4가지를 알아보겠습니다.

- **단순 무작위 추출법**
- **층별 추출법**
- **2단 추출법**
- **층별 2단 추출법**

독자 여러분이 무작위 추출법을 직접 실행할 기회는 없을 수도 있지만 '이런 점을 진지하게 생각하는 분야가 있다', '제대로 된 조사는 뒤에서 이런 일을 하는구나'라는 점은 꼭 알아줬으면 합니다.

 나 알겠습니다.

원형 차트는 신중하게 사용하자

데이터 집계 결과를 시각화할 때는 왠지 모르지만 원형 차트로 표현하는 경우가 꽤 많더군요.

아래 그림은 어느 패밀리 레스토랑의 설문조사 결과입니다. 이렇게 질문의 선택지가 '3개 이상이고 순서성이 있을 때'는 원형 차트로 표현하는 게 좋습니다. 누적된 값을 파악하기 쉽거든요(원형 대신 가로띠 차트로도 가능).

질문. 저희 가게의 돼지고기 생강구이 정식의 맛은 어떠셨나요?
(단수 응답)

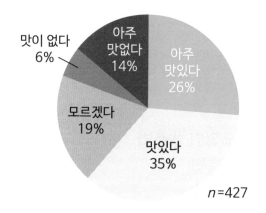

그런데 질문의 선택지가 3개 이상이고 순서성이 없을 때 적절한 것은 원형이 아니라 가로 막대 그래프입니다. 이유는 두 가지를 들 수 있어요. 하나는 누적된 값의 산출하는 게 별 의미가 없기 때문입니다. 즉 '그렇구나, 돼지고기 생강구이와 고등어 된장 조림으로 50% 정도인가' 같은 발상을 하는 의미가 별로 없으니까요. 또 하나는 각 선택지 비율의 서열을 즉시 파악할 수 있기 때문입니다.

원형 차트로 나타내기 좋은 것은 질문의 선택지가 '3개 이상이고 순서성이 있는' 경우이거나 질문의 선택지가 두 개인 경우입니다.

○ 질문. 저희 가게 정식 중 가장 맛있는 것은 무엇인가요? (단수 응답)

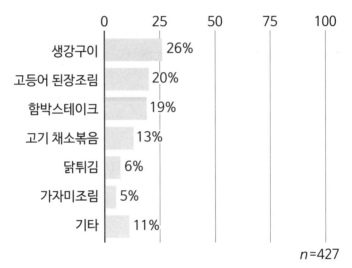

$n=427$

✕ 질문. 저희 가게 정식 중 가장 맛있는 것은 무엇인가요? (단수 응답)

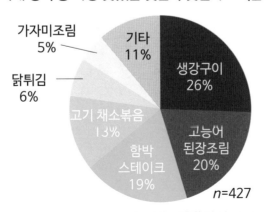

$n=427$

4가지 무작위 추출법을 이해하자!

신뢰할 수 있는 표본을 만들기 위한 무작위 추출법입니다. 이번에는 4가지 방법을 자세히 설명하겠습니다. 하나하나의 이미지를 파악해보세요.

⇨ 모든 대상으로부터 무작위로 추출하는 '단순 무작위 추출법'

 선생님 여기서부터는 '모든 국민 중에서 1,000명을 추출하는' 예를 들어 설명하겠습니다.

먼저 **단순 무작위 추출법**입니다. 이 방법은 모든 국민 중 무작위로 1,000명을 추출합니다.

단순 무작위 추출법

'모든 국민의 명부'가 있어야 한다

1,000명

전 국민 명부

 나 확실히 단순하네요(웃음).

선생님 네. 그런데 단순 무작위 추출법의 발상은 단순하지만 실행하기는 어렵습니다.

나 왜 그럴까요? 이렇게 단순명쾌한데요.

선생님 '모든 국민의 명부'를 구하지 않으면 불가능하니까요.

나 아, 그렇구나. '모든 국민의 명단' 같은 건 일반적으로 구하기 힘들죠. 그럼, 단순 무작위 추출법은 언제 실행하나요?

선생님 <u>모집단의 명단을 입수하는 건 가능하지만 모든 사람을 상대로 조사하기에는 인원이 너무 많은</u> 경우입니다.

나 예를 들면 대학 사무국이 학생 명단을 활용해서 학생의 의견을 듣는다든가 그런 건가요?

선생님 바로 그렇습니다.
참고로 모집단의 인원수가 아주 많지 않으면, 예를 들어 초등학교나 중소기업 정도면 굳이 단순 무작위 추출법을 이용하지 않고 아예 모든 사람을 상대로 조사하겠죠.

⇨ 층으로 나눠서 추출하는 '층별 추출법'

선생님 다음으로 소개할 것은 **층별 추출법**입니다. 이것은 모집단을 '연대', '지역', '직업' 등의 층으로 나눈 다음 **각 층에서 단순 무작위 추출법을 실행하는** 방법입니다.

만약 층을 '도도부현'이라고 정하면, 각 도도부현으로부터 추출하는 인원수는 현실의 각 도도부현의 인구에 비례하게 잡습니다.

 나 도쿄도는 넉넉하게 잡아야겠네요.

 선생님 네. 도쿄도에는 전체 인구의 약 10%가 살기 때문에 표본의 약 10%도 도쿄도민이 차지합니다.

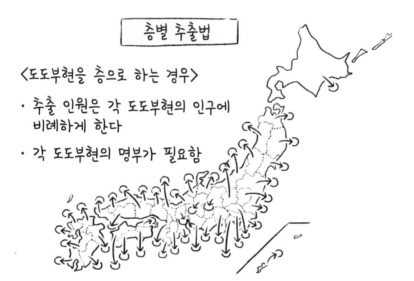

층별 추출법

〈도도부현을 층으로 하는 경우〉

· 추출 인원은 각 도도부현의 인구에
  비례하게 한다
· 각 도도부현의 명부가 필요함

 나 그렇군요~ 하지만 층별 추출법은 층이 '있냐, 없냐'의 차이일 뿐이지 결국은 단순 무작위 추출법이네요.

 선생님 그래요. 모집단의 명부가 없으면 실행할 수 없고, 게다가 명부에는 층에 대한 정보가 기재되어 있어야 해요.

 나 그렇죠.

⇨ 2단계로 추출하는 '2단 추출법'

 선생님 다음에 소개하는 2단 추출법은 이름 그대로 2단계로 추출하는 방법입니다.

제1단계에서는 '도도부현 명(名)이 기록된 47면의 주사위'를 준비합니다. 주사위 각 면의 면적은 동일하지 않고 광역자치단체의 인구에 비례합니다. 그러니까 가장 넓어서 밑면이 되기 쉬운 것은 '도쿄도'이며 가장 협소해서 밑면이 되기 어려운 것은 '돗토리현' 입니다. 그런 주사위를 여러 번 던져서 밑면이 된 도도부현을 몇 개 추출합니다.

제2단계에서는 제1단계로 추출된 광역자치단체(도도부현)별로 단순 무작위 추출법을 실행합니다.

2단 추출법

· 도도부현을 몇 개 추출한 뒤, 추출된 도도부현별로 단순 무작위 추출을 한다
· 추출된 도도부현의 명부만 있으면 된다

 나 이것도 결국은 단순 무작위 추출법으로 가는군요~

선생님 그렇습니다. 단 2단 추출법에는 '모든 국민의 명단'이 필요 없습니다. 1단계에서 추출된 도도부현의 명단만 있으면 되지요. 그런 의미에서는 앞서 소개한 두 추출법보다 현실적인 방법이에요.

 나 그럼 처음부터 이 방법을 소개해주시지 그러셨어요.

 선생님 사실 2단 추출법에도 약점이 있어요. 1단계에서 도도부현이 추출된다는 것은 반대로 말하면 추출되지 않는 도도부현도 있다는 거예요.

예를 들어 '우동과 국수에 대한 의식 조사'를 할 때 가가와현과 나가노현이 추출되지 않았다면 어떨까요?

가가와현
나가노현
우동과 국수 얘기를 하면서 우리를 빼놓는다고?!

 나 왠지…. 말이 안 되는 것 같은데요. 우동과 국수하면 그곳인데요.

 선생님 저도 그렇게 생각해요.
즉 2단 추출법의 약점은 학술적인 의미에서가 아니라 '이 표본은 모집단인 "모든 일본인"의 정교한 미니어처라고 할 수 있을까?', '이 표본의 조사 결과를 모집단의 조사 결과로 간주해도 될까?'라는 의구심이 들기 쉽다는 점이에요.

⇨ 층별+2단 조합 기술인 '층별 2단 추출법'

 선생님 그래서 '**층별 2단 추출법**'입니다! 이 방법은 이름 그대로 층별 추출법과 2단 추출법을 합체시킨 겁니다.

우선은 층별 추출법처럼 모집단을 '도도부현'이라는 층으로 나누고 각 도도부현으로부터 추출할 인원수를 결정합니다.

 나 도쿄도에서는 약 10%였지요.

 선생님 네. 다음은 각 도도부현에서 기초자치단체(시구정촌) 몇 개를 추출한 후 추출된 기초자치단체(시구정촌)별로 단순 무작위추출법을 실행합니다.

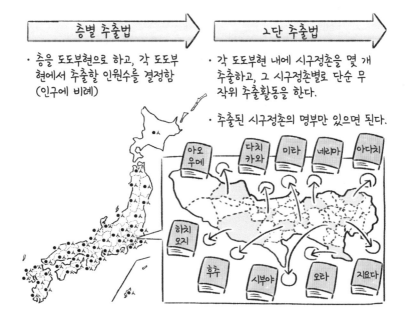

층별 추출법 ➡

· 층을 도도부현으로 하고, 각 도도부현에서 추출할 인원수를 결정함 (인구에 비례)

2단 추출법 ➡

· 각 도도부현 내에 시구정촌을 몇 개 추출하고, 그 시구정촌별로 단순 무작위 추출활동을 한다.

· 추출된 시구정촌의 명부만 있으면 된다.

아오우메 / 다치카와 / 미타 / 네리마 / 아다치 / 하치오지 / 후추 / 시부야 / 오타 / 지요다

 나 아~ 도쿄도나 오사카부 정도의 수준이 되면 2단 추출법을 쓰는군요. 세디기야 **구는** 인 뽑혔는데 하치오지 시는 뽑혔고 거기서 9명 이런 식이네요.

 선생님 그렇죠. 이 방법으로는 최종적으로 추출된 시구정촌 명단

만 있으면 됩니다.

앞서 말했듯이 '층별 2단 추출법'은 내각부의 <국민 생활에 관한 여론조사>에서 쓰입니다. 다만 층에 대한 개념은 지금 설명한 것과는 다릅니다. 대략 이런 느낌으로 조사한다고 생각해 주세요.

➡️ 진실을 아는 것은 모집단뿐

 선생님 만약을 위해 확인해 두겠습니다만, 무작위 추출법에 따라 조사했다고 해서 그 결과를 진실이라고 생각하면 안 돼요.

 나 네!

 선생님 왜냐하면, 그 조사 결과는 표본의 것이지, 모집단의 것은 아니기 때문입니다.

 나 그렇죠. 진실을 알고 싶다면 모집단을 조사할 수밖에 없죠.

 선생님 맞아요.

 나 그런데 이 세상에는 조사업체가 여러 가지 있지요. 그 결과가 인터넷에서 뉴스로 나오기도 하는데, 그건 무작위 추출법으로 결과를 내는 건가요?

 선생님 한마디로 단정할 수는 없어요. 회사에 따라서 또는 조사 내용에 따라 다르니까요. 기왕 공부를 했으니 어떤 방식으로 표부을 추출한 조사이지 앞으로는 눈여겨보면 좋을 겁니다.

나 그런 정보가 담겨 있지 않다면 어떻게 하나요?

선생님 그런 조사 결과는 무시하세요.

몇 보 양보하더라도 반은 걸러 듣는 정도에 그쳐야 합니다.

나 지금까지 너무 믿었는지도 모르겠네요···. 앞으로 조심해야겠어요.

선생님 대형 조사업체가 공표한 결과라도 안이하게 믿지 말고 이성적으로 파악하는 습관을 들여야 합니다. 그러면 데이터 리터러시가 확실히 올라갑니다!

⇨ 무작위 할당이라니?

선생님 마지막으로 하나 보충할게요. 주로 의학에서 사용하는 **'무작위 할당(random assignment)'**을 소개합니다.

나 랜덤(random)이라는 말이 '엉터리', '무작위'라는 뜻이란 건 아는데 무작위를 할당한다고요······??

신생님 예를 들어 어느 음료 제조입체가 안구건조증에 효과가 있는 차를 개발했다고 합시다. 효과가 있는지 확인하는 실험에 협조해 줄 사람을 100명 확보했습니다. 100명이나 되므로 나이, 성별, 건강 상태 등 사람들의 특징은 천차만별입니다.

여기서 연구자가 무엇을 하냐면 실험 시작일 전에 **협력자 명단 번호를 보면서 주사위를 100번 던지는 거예요.** 그래서 짝수인 사람에게는 개발한 차를 마시게 하고 홀수인 사람에게는 그렇지 않은 차를 마시게 합니다. 이게 무작위 할당입니다.

 나 아날로그 & 심플 (웃음).

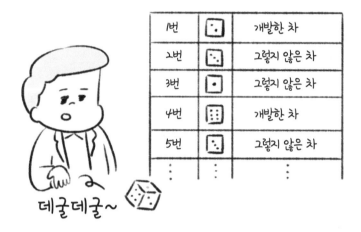

1번	⚁	개발한 차
2번	⚄	그렇지 않은 차
3번	⚀	그렇지 않은 차
4번	⚅	개발한 차
5번	⚂	그렇지 않은 차
⋮	⋮	⋮

데굴데굴~

 선생님 실제로는 주사위가 아니라 난수라는 수치를 컴퓨터로 생성하는 등의 방식으로 무작위 할당을 합니다. 추가로 말하자면 개발한 차와 그렇지 않은 차 중 어느 쪽으로 배분되었는지는 협력자에게 알려주지 않는 편이 좋습니다.

 나 심리적인 영향을 끼치면 안 되니까 그렇겠죠?
무작위 할당의 의미는 알겠는데 왜 그렇게 해야 할까요?

 선생님 개발한 차는 아직 출시되지 않았어요. 그러니까 실험을 하기 전에 개발한 차를 마신 적이 있는 것은 개발 부서 사람과 회사 임원 정도겠죠. 그런 사람들이 직접 피험자가 되어 개발한 차의 효과를 조사하고 결과를 발표하는 것은 부적절하겠죠?

 나 사내 데이터니까 믿을 수 없을 것 같아요.

 선생님 게다가 개발한 차는 아직 판매 전이니 '일본의 모든 유권자'라든가 '이와테현에 거주하는 모든 30대'와 달리 <u>'판매된 개발한 차를 마신 모든 사람'이라는 모집단은 아예 존재하지 않습니다.</u>

 나 아, 그렇군! 모집단이 존재하지 않으니 무작위 추출도 못하겠군요.

 선생님 그래서 무작위 할당을 하는 거죠.
<u>무작위 할당을 하면 나이와 건강 상태라는 두 그룹의 속성이 대체로 균일화됩니다.</u>

 나 균일화된 2개의 군에 개발한 차와 가짜 차를 배분해서 데이터를 수집하면 정말로 안구건조증에 효과가 있는지 깔끔하게 알 수 있겠네요.

⇨ 리뷰 경제의 위기

 선생님 오늘 수업은 이것으로 마치겠습니다. 들어보니 어떤가요?

 나 감상이랄까, 여쭤보고 싶은 게 있는데요.

이번에는 당첨되려나?

사실 저는 예전에는 낚시 잡지 편집자였습니다만, 독자 엽서로 하는 설문 결과는 통계학적 가치가 있을까요?

나 엽서를 보내는 사람은 추첨으로 뽑는 선물을 받고 싶거나 의견을 말하기 좋아하는 어르신이 대부분이어서 오늘 이야기를 들으니 편중되어 있다는 생각이 듭니다.

선생님 엽서를 보낸 사람들은 모집단인 '출판사가 독자라고 생각하는 사람'으로부터 무작위로 추출된 것이 아닙니다. 오히려 '출판사가 독자라고 생각하는 사람'에 포함되지 않은 사람들도 보냈을 것입니다.

그래서 보내온 독자 엽서의 집계 결과는 그 사람들의 의견을 모은 것에 불과하니까 아무 가치가 없습니다.

나 즉, 이런 말인가요? 모집단인 출판사가 독자라고 생각하는 사람 중에서 무작위로 추출된 사람들이 아니니까 독자 엽서를 보낸 사람들의 데이터 집계 결과를 보고 출판사의 높은 분이 '지난달보다 만족도가 떨어졌다'고 화를 내는 것은 잘못이라고요.

선생님 그렇죠. 잘못입니다.

나 그랬구나. 그때 그렇게 혼났는데 아무 의미가 없었군….
하지만 출판사에 보낸 독자 엽서의 수가 많다면 그 집계 결과는 나름대로 믿을만하지 않을까요?

선생님 그 생각도 큰 오산입니다.

아무리 많아도 모집단인 '출판사가 독자라고 생각하는 사람'으로부터 무작위로 추출된 것은 아니고 '출판사가 독자라고 생각하는 사람'에 포함되지 않은 사람들도 보낸 거니까요.

 나 그렇군요…. 그럼 독자 엽서는 어떤 식으로 활용해야 '올바를'까요?

 선생님 만족도를 집계해서 일희일비하지 말고 '자유응답'란에 적혀 있는 내용을 경청해서 반영하면 되겠지요.

 나 알겠습니다. 이제 낚시 잡지의 편집자가 아니지만요.

이건 좀 다른 이야기인데요, 요즘 우리가 장을 보거나 서비스를 고를 때 리뷰나 별의 개수를 참조하잖아요. 그런데 독자 엽서 이야기를 들어보니 리뷰도 모집단이 불명확해서 별로 참고가 되지 않을 것 같은데, 어떨까요.

 선생님 맞아요. 그대로 받아들이는 것은 위험합니다.

 나 역시 그렇구나…. 그 점을 감안하고 봐야겠네요.

2 일째 수업 정리

➡️ 인터넷 투표는 '무늬만 조사'이므로 그 결과를 '다수의 의견'이라고 판단해서는 안 된다.

➡️ 표본이 모집단의 정교한 미니어처가 되는 것을 목표로 한 추출 방법이 '무작위 추출법'이다.

➡️ 무작위 추출법의 종류로는 '단순 무작위 추출법' '층별 추출법' '2단 추출법' '층별 2단 추출법' 등이 있다.

➡️ '단순 무작위 추출법'은 모집단에서 무작위로 추출하는 방법이다.

➡️ '층별 추출법'은 모집단을 '도도부현' 등의 층으로 나눈 다음 각 층에서 단순 무작위 추출법을 실행하는 방법이다.

➡️ '2단 추출법'은 도도부현을 몇 개 추출하고 그 도도부현 별로 단순 무작위 추출법을 실행하는 방법이다.

➡️ '층별 2단 추출법'은 층별 추출법과 2단 추출법을 결합한 방법이다.

Takahashi
CLASS

3
일째

데이터의
분위기를 파악하자!
수량 데이터 편

1 교시

데이터는 먼저 분위기를 파악해야 한다!

통계학의 기본인 '데이터의 분위기를 파악하는 법'을 살펴봅니다. 이것만 알아도 주위에 자랑 좀 할 수 있을지도!?

⇨ 데이터를 다루는 법의 기본을 배우자

선생님 우리 이번 시간까지 무엇을 공부했는지 기억나나요?

나 음, 첫째 날은 통계학 개요이고 둘째 날은 무작위 추출법이었습니다.

선생님 그렇습니다. 그것만 알아도 데이터 활용 능력이 상당히 높아졌을 겁니다.

나 그랬으면 좋겠는데요… (불안).

선생님 겸손해하지 않아도 됩니다 (웃음). 자신감을 가지세요.

자, 1일째 마지막에 말씀드렸듯이, 우리 수업 시간에는 최종적으로 모집단의 비율 추정과 중회귀 분석을 소개하려 합니다. 오늘 수업은 그 내용을 이해하기 위한 밑 작업입니다.

나 밑 작업이라고 하시면, 손은 좀 가지만 방법우 어렵지 않다는 걸까요?

 선생님 어렵지 않아요. 공식이 나오는 것만 각오하면 됩니다. 공식이 나왔을 때 너무 당황하지만 않으면 돼요.

 나 잘 알고 계시네요(웃음). 저 같은 문과 출신은 복잡한 식을 보면 머리가 전혀 돌아가지 않아요.

 선생님 머릿속이 하얗게 될 것 같으면 굳이 공식을 쳐다보지 않아도 됩니다. 그럼 바로 시작합시다.

 나 넵!

⇨ 데이터의 분위기를 파악하다니?

 선생님 통계학에서는 일반적으로 '20대', '유권자', '고혈압 환자' 등 규모가 큰 집단을 대상으로 합니다. 그러면 당연히 취급하는 데이터의 양도 엄청나게 크죠.

선생님 예를 들어 피험자가 1,000명 있고 나이, 성별, 신장, 체중, 혈압 등 변수가 20개 있고 그것을 엑셀에 입력하면 **총 1000× 20=20000개의 데이터**가 생성됩니다.

 나 데이터가 너무 많아서 정신이 하나도 없을 것 같아요.

 선생님 그래서 어떻게 데이터의 분위기를 파악할 것인가, 그것이 오늘 수업 주제입니다.

 나 그건 기술통계학에 관한 주제인가요?

 선생님 아니요, 기술통계학과 추리통계학 양쪽 다 관련이 있어요.

⇨ 데이터는 두 종류로 나뉜다

 선생님 먼저 알아둬야 할 점은 데이터는 두 종류로 나눌 수 있습니다. '**수량 데이터**'와 '**범주형 데이터**'입니다.

예를 들어 어느 과자 제조업체가 모니터의 아이스크림 시제품을 먹게 해서 다음과 같은 데이터를 얻었다고 합시다.

	어젯밤의 수면시간 (h)	시식한 장소의 실온 (C)	기존 제품에 비해	성별
참가자 1	6.5	29	무척 맛이 없다	여
참가자 2	8	33	약간 맛있다	남
참가자 3	6	29	잘 모르겠다	남
참가자 4	7.25	30	약간 맛이 없다	여
⋮	⋮	⋮	⋮	⋮

수량 데이터   범주형 데이터

 선생님 왼쪽의 '어젯밤의 수면 시간'과 '시식한 장소의 실온'이 수량 데이터, 오른쪽의 '기존 제품에 비해'와 '성별'이 범주형 데이터입니다.

참고로 수량 데이터를 **'양적 데이터'**라고 표현하고, 범주형 데이터를 **'질적 데이터'**라고 하기도 합니다.

 나 음음. 이건 쉽게 알겠습니다.

 선생님 그럼 확인해볼까요. 혈액형은 어떤 데이터죠?

 나 범주형 데이터!

 선생님 손님 수는요?

 나 수량 데이터!

선생님 그러면 '<교토검정>의 급'은?

 나 교토검정이요?

 선생님 교토상공회의소에서 주최하는 교토에 관한 검정시험입니다. 1급, 2급, 3급으로 이루어져 있어요.

 나 숫자로 나타낼 정도니까 '<교토검정>의 급'은 수량 데이터겠네요!

 선생님 안타깝네요. 이건 범주형 데이터입니다.

 나 네? 어째서요?

 선생님 급수에 순서를 나타내는 성질은 있지만 폭이 등간격은 아니기 때문입니다.

3급	2급	1급
•공식 교재에서 90% 이상을 출제. •객관식 문제. 정답률이 70% 이상이어야 합격.	•공식 교재에서 70% 이상을 출제. •객관식 문제. 정답률이 70% 이상이어야 합격.	•공식 교재에 준하여 출제. •서술형·소논문식 문제 정답률이 80% 이상일 때 합격.

※ 제16회 교토 검정부터 준1급이 신설되었다.
※ 출처 : https://www.kyotokentei.ne.jp/

나 하긴 '3급에서 2급까지의 폭'과 '2급에서 1급까지의 폭'은 똑같지 않네요.

그런데 잘 설명할 수 없지만, 범주형 데이터가 뭔지 아직 잘 모르겠어요.

 선생님 그렇다면 이런 예는 어떨까요?

커피전문점 A의 손님 수는 3명이고 B의 손님 수는 1명이라고 하면 두 가게의 손님 수는 모두 4명입니다. 이렇게 계산할 수 있죠? 하지만 A씨는 교토검정 3급, B씨는 1급에 합격했다고 합시다. 그 경우 2명의 급수를 합치면 4급입니다. 이런 식으로 계산하진 않겠지요?

 나 아하! 이제 알겠어요.

 선생님 수량 데이터와 범주형 데이터로 나눌 수 있다는 이야기를 왜 했냐면, 각기 분위기를 파악하는 방법이 다르기 때문입니다.

범주형 데이터는 내일로 미루고 오늘은 수량 데이터에 대해서만 살펴보겠습니다.

'데이터가 흩어진 정도'를 수치화해 보자

수량 데이터의 분위기를 파악하는 요령 중 하나가 '데이터가 흩어진 정도'를 파악하는 것입니다. 통계학으로 데이터의 흩어진 상태를 수치화할 수 있습니다.

⇨ '평균'이란 '평평하게 고르는' 것

 선생님 이 데이터는 한 자동차 판매점의 영업 실적입니다. 지난달의 판매 대수가 나와 있네요.

	영업 1팀 (대)
A	4
B	0
C	1
D	3
E	2

	영업 2팀 (대)
F	2
J	3
H	2
I	2
J	1

 나 영업 1팀은 4대를 판매한 사람도 있고 0인 사람도 있네요.

 선생님 지금의 가즈키 씨가 좋은 말을 했어요. **데이터가 표에 기재되어 있으면 어쩌다 눈에 들어온 수치에만 주목하는 경향이 있습니다.** 하지만 우리에게 중요한 것은 영업 1팀과 영업 2팀의 분위기를 파악하는 것입니다. 거기서 더 필요하다면 영업 1팀과 영업 2팀을 합치 분위기를 파악하는 겁니다.

그때 등장하는 것이 '평균'입니다. 평균은 수량 데이터의 분위기를 파악할 때 쓰는 기본 중의 기본인 방법이죠.
평균은 어떻게 계산하는지 알고 있나요?

나 제 수학 실력을 전혀 믿지 않으시는군요 (쓴웃음). 아무리 그래도 그렇지 그 정도는 알고 있어요.
데이터를 모두 더해서 인원으로 나눈다! (초롱초롱)

선생님 맞습니다. 영업 1팀의 총 판매 대수는 '4+0+1+3+2'이므로 10대입니다. 그걸 5명이 나누면 평균은 2대네요.
요컨대 평균은 영업 1팀의 일인당 판매 대수입니다. 영업 2팀의 평균도 계산해 보세요.

나 알겠습니다.

$$\frac{2+3+2+2+1}{5} = \frac{10}{5} = 2$$

나 와~. 1팀과 2팀의 평균은 둘 다 2군요.

선생님 참고로 '평균'이라는 용어의 한자를 보면 '평평하게 고르다'는 뜻입니다. 어릴 때 평균을 계산하는 방법을 배워서 그 점을 의식하지 못하는 사람도 있겠지만, 평균을 계산하는 행위는 다음 그림처럼 데이터의 울퉁불퉁함을 평평하게 고르는 거예요.

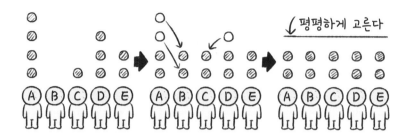

 나 오, 머리에 쏙쏙 들어오네요.

 선생님 자녀에게 평균을 가르칠 때 이 그림을 그려보세요.

🖙 제곱합, 분산, 표준편차로 '데이터가 흩어진 정도'를 파악하자.

 선생님 평균만으로는 수량 데이터의 분위기를 파악하기 어렵습니다. '제곱합'과 '분산', '표준편차'에 관한 지식도 필요합니다.

- ·제곱합
- ·분산
- ·표준편차

 나 세 개나 외워야 하나요? 아무래도 수업 도중에 탈락할 것 같은데요(식은땀).

 선생님 안심하세요. 이 세 가지는 사실상 거의 똑같습니다.

데이터가 흩어진 정도를 나타내는 지표거든요.

 나 흩어진 정도요?

 선생님 네. 데이터가 골고루 퍼져 있는지 아닌지에 관한 거죠.
다시 영업 1팀과 2팀을 예로 들어 설명해볼게요. 앞의 표로는 분위기를 파악하기 어려우니 이번에는 그림으로 표현했습니다.

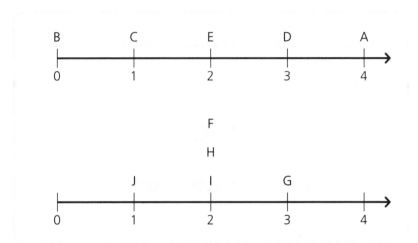

 나 네.

 선생님 여기서 한 번 상상해 보세요. 영업 1팀과 2팀의 위에는 영업부가 있고, 영업부장이 있습니다. 1팀과 2팀의 과장이 부장님에게 지난달 실적을 보고하러 갔다고 하죠.
만약 여기서 부장님이 일인당 판매 대수만, 즉 평균만 갖고 평가한다면 어떨까요?

 나 1팀이나 2팀이나 평균은 2대이니까, 두 팀의 실적이 같다고 판단하겠네요.
부장님이 '1팀과 2팀 똑같이 열심히 했군. 이번 달도 잘 부탁해'라고 말하고 끝이겠죠.

 선생님 뭔가 석연치 않죠? 그림을 보면 분명히 알 수 있듯이 1팀과 2팀은 데이터가 흩어진 정도가 다르기 때문이에요.

1팀은 열심히 실적을 올린 사람도 있지만 한 대도 못 판 사람도 있어요. 그에 비해 2팀은 대체로 비슷합니다.

이렇게 데이터가 흩어진 정도를 수치화하기 위해 있는 것이 제곱합과 분산, 표준편차입니다.

 나 네. 네.

 선생님 제곱합과 분산, 표준편차의 최솟값은 모두 0입니다.
어떤 경우에 0이냐 하면, 데이터가 전혀 흩어져 있지 않을 때입니다. 즉 모든 데이터가 완전히 같은 경우죠.

예를 들어 영업 1팀의 판매 대수가 모두 5라면 영업 1팀의 제곱합과 분산, 표준편차는 0입니다.
반대로 말하면 데이터가 흩어지는 정도가 커질수록 제곱합, 분산, 표준편차의 값은 0보다 커집니다.

 나 오오~~~

⇨ 평균을 기준점으로 삼은 것이 '제곱합'

 선생님 먼저 제곱합에 관해 설명하겠습니다. **제곱합은 평균을 기준점으로 삼은 후 데이터가 흩어진 정도를 수치화한 것**입니다. 수학적으로 표현하자면,

$$(각\ 데이터의\ 평균)^2을\ 더한\ 것$$

입니다. 영업 1팀의 제곱합을 실제로 계산해 보겠습니다.

$$(4-2)^2+(0-2)^2+(1-2)^2+(3-2)^2+(2-2)^2$$
$$=4+4+1+1+0$$
$$=10$$

↑영업 1팀의 제곱합

 나 호오~. 소박한 의문이 떠오르는데 왜 제곱을 할까요? 그렇게 안 하고 그냥 더하면 안 되나요?

 선생님 좋은 질문이에요. 그럼 제곱하지 말고 계산해 보세요.

 나 네

$$(4-2)+(0-2)+(1-2)+(3-2)+(2-2)$$
$$=2+(-2)+(-1)+1+0$$
$$=0$$

 나 엇, 0이 되었잖아!

 선생님 어쩌다 0이 된 게 아닙니다. 2팀의 자료로 계산해도 0이에요. 보세요.

$$(2-2)+(3-2)+(2-2)+(2-2)+(1-2)$$
$$=0+1+0+0+(-1)$$
$$=0$$

 나 그렇구나, 그래서 제곱을 하는군요. 2팀의 제곱합을 계산해 보겠습니다.

$$(2-2)^2+(3-2)^2+(2-2)^2+(2-2)^2+(1-2)^2$$
$$=0+1+0+0+1$$
$$=2$$
↑영업 2팀의 제곱화

 나 2팀의 제곱합은 2이고 1팀은 10입니다. 1팀의 데이터가 흩어진 정도가 더 큰 것은 조금 전의 그림으로 알고 있었습니다만,

제곱합도 1틴이 값이 더 크네요

선생님 이해가 됐다니 다행이네요.

나 그런데 집요하게 보이시겠지만 왜 2승한 값을 더하죠?
3승으로 하면 마이너스 수가 결국 마이너스가 되니까 안 된다는
건 대충 알겠는데, 4승이나 18승 등등 이렇게 하면 안 되나
요?

선생님 아이고, 고집도 세네요 (웃음).
그럼 두 가지 답을 제시하겠습니다. 첫째, 왜 제곱을 더하는가 하
는 점에 집착하는 것은 말하자면 '저 영화의 행인역을 맡은 엑스
트라는 왜 체크 남방을 입고 있을까?'라는 점에 집착하는 것과
같습니다.
그런 세부 사항에 집착하면 아무리 오래 걸려도 통계학이라
는 산의 정상에 도달하지 못해요. 지금은 그런 데서 멈출 때가
아닙니다.

제곱 이야기는
이쯤일까나

나 원래 그런 거라고 생각하고 넘어가라는 말씀이시군요.

선생님 네. 두 번째 답입니다. 통계학의 다양한 국면에서는 제곱해서 더하는 제곱합이 실제로 대활약하고 있습니다. 4승이니 18승이 끼어들 여지는 없습니다.

 나 잘 알겠습니다 (웃음).

 선생님 지금까지 설명한 제곱합에는 안타깝게도 치명적인 약점이 있습니다. 데이터의 개수가 많아질수록 값도 커지거든요.

 나 예를 들어 1팀이 5명이고 2팀이 5만 명이라면 2팀의 제곱합이 반드시 더 커서 굳이 계산할 필요가 없다는 말씀이세요?

 선생님 꼭 그렇다고 장담할 순 없어요. 2팀의 판매 대수가 모두 같으면 제곱은 0이니까요.
하지만 상식적으로 그런 일은 있을 수 없을 테니 가즈키 씨처럼 생각해도 문제없겠지요.

 나 데이터의 개수가 많아질수록 값도 커진다면 데이터가 흩어진 정도를 수치화하는 도구로써 제곱합은 실격이잖아요?

 선생님 그래서 등장하는 것이 다음에 말할 '분산'입니다!

⇨ 제곱합의 약점을 해결하는 '분산'

 선생님 분산은 제곱합을 데이터의 개수로 나눈 것입니다.
예를 들어 영업 1팀의 분산은 제곱합인 10을 데이터의 개수인 5

로 나눕니다. 답은 2가 나오죠.

영업 2팀은 제곱합인 2를 데이터의 개수인 5로 나눈 것, 즉 0.4입니다.

- 1팀의 분산 ➡ $\frac{10}{5} = 2$

- 2팀의 분산 ➡ $\frac{2}{5} = 0.4$

 나 진짜 단순하네요 (웃음).

 선생님 데이터의 개수가 많아질수록 값도 커진다는 제곱합의 약점이 있는데, 분산은 데이터의 개수로 나눔으로써 그 약점을 해결합니다.

➡ 분산을 루트로 나타낸 '표준편차'

 선생님 마지막으로 표준편차입니다. **표준편차는 분산에 루트를 씌운 값입니다.**
예를 들어 영업 1팀의 표준편차는 분산이 2이므로 $\sqrt{2}$, 영업 2팀은 분산이 0.4이므로 $\sqrt{0.4}$입니다.

- 1팀의 표준편차 ➡ $\sqrt{2}$

- 2팀의 표준편차 ➡ $\sqrt{0.4}$

나 루트는 '가까이하기엔 너무 먼 당신'이지만 이것도 엄청 단순하네요!

그런데 표준편차와 분산의 차이가 루트를 씌운 값인지 아닌지밖에 없다면, 표준편차는 없어도 되지 않나요?

 선생님 아니요, 그렇지 않습니다. 표준편차가 존재하는 이유는 분명히 있습니다.

분산의 분자인 제곱합의 계산방식을 생각해 보세요. 2승이죠? 그래서 제곱합의 단위는 '대²'입니다.

 나 아아, '대²'를 '대'로 돌려놓기 위해 분산에 루트를 씌우는 거군요. 그게 표준편차가 존재하는 이유겠죠?

 선생님 정답입니다! 말하자면, '단위를 원래대로 돌려놓는 지표'로써 표준편차가 존재하는 겁니다.

 나 그렇군요.

⇨ 제곱합, 분산, 표준편차는 통계학의 숨은 매니저 역할!

 선생님 이상, 제곱합과 분산, 표준편차에 대해 살펴봤습니다. 표로정리하면 이런 느낌이에요. 어땠나요?

제곱합	(개별 데이터-평균)^2 를 더한 값
분산	$\dfrac{\text{제곱합}}{\text{데이터의 개수}}$
표준편차	$\sqrt{\text{분산}}$

 나 무척 이해하기 쉬웠어요.

 선생님 사실 얘기가 좀 이어지긴 해요. 아까는 영업 1팀과 2팀을 설명하면서 비교했지만 '이쪽 집단의 분산이 더 작은데!'라거나 '표준편차가 0.7이나 있다니!' 일반적으로는 이런 식으로 평가하지 않습니다.

 나 네? 안 한다고요? 열심히 외웠는데요.

 선생님 해도 됩니다. 안 된다는 게 아니에요.
예를 들어 A사와 B사가 직경 5밀리미터인 나사를 제조하는 장비를 만든다고 합시다. 각 장비로 나사를 100개씩 제조하는데 그것들 2개의 분산을 계산해서 어느 장비가 더 정밀도가 높은지 확인하는 건 의미 있는 행위죠.

제가 말하고 싶은 것은 실제로는 그렇게 할 기회가 별로 있다는 뜻입니다.

 나 그럼 제곱합과 분산, 표준편차는 무엇 때문에 존재하나요?

선생님 다양한 분석기법의 무대 뒤에서 존재합니다. 이른바 통계학의 숨은 매니저 역할이죠. '모집단의 비율 추정'과 '중회귀분석'에서도 활약합니다.

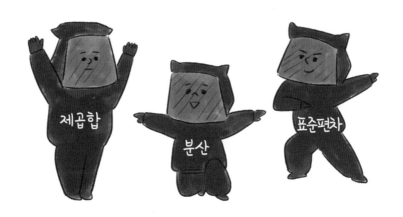

⇨ 추리통계학에서 사용하는 '불편분산'

 선생님 다시 분산 이야기로 돌아갑시다.

 나 제곱합을 데이터의 개수로 나눈 것이었죠.

 선생님 그렇습니다. 실은 그것과는 다른 **불편분산**이라는 값이 있어요.

 나 불편이요? '불편하다'의 불편인가요?

 선생님 한쪽으로 치우치지 않는다는 뜻의 불편(不偏)입니다. 그 2가지 분산은 분모가 다릅니다. 앞서 설명한 분산은 $\dfrac{\text{제곱합}}{\text{데이터의 개수}}$ 였지요. **불편분산**은 $\dfrac{\text{제곱합}}{\text{데이터의 개수} - 1}$ 입니다.

나 미이너스 1? 왜 일부러 1을 빼는 거죠?

 선생님 일부러 뺀 건 아니에요. 추리통계학에서 '불편성'이라는 개념에 근거를 두면, 모집단 분산의 추정값으로 가장 좋은 것은 $\dfrac{\text{제곱합}}{\text{데이터의 개수} - 1}$ 라고 판단되었기 때문입니다.

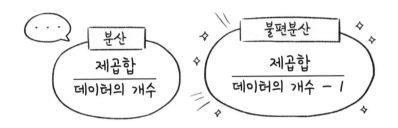

 나 하지만 만약 데이터가 수중에 10,000개 있다면 그 제곱합을 10,000으로 나누든 9,999로 나누든 값은 비슷하잖아요. 그렇다면 굳이 불편분산 같은 게 필요할까요?

 선생님 그렇게 생각하면 안 됩니다. <u>모집단의 분산 추정값으로 가장 좋은 것은 $\dfrac{\text{제곱합}}{\text{데이터의 개수} - 1}$ 이라는 '논리'가 있습니다.</u> 그 논리를 끝까지 이해하고 싶다면 최소한 고등학교 이과 수준의 수학 지식이 필요합니다.

 나 아니, 그렇게까지 파고들기는 좀….
일단 그냥 암기해두겠습니다 (웃음).

⇨ 평균의 약점을 해결하는 '중앙값'

 선생님 2교시 시작 부분에 평균이 무엇인지 설명했지요? 평균에서 시작해 제곱합, 분산, 표준편차를 한번에 진도를 빼고 싶어서 일부러 언급하지 않았지만, 실은 **평균에도 약점이 있습니다.**
일부 데이터가 너무 크거나 작으면, 그것에 끌려 다닌다는 점입니다.

나 그게 무슨 말씀인가요?

선생님 예를 들어볼게요. 다음은 한 직장의 볼링대회 결과입니다.
6명의 평균은 103입니다.

	스코어
참가자 1	229
참가자 2	77
참가자 3	59
참가자 4	95
참가자 5	70
참가자 6	88
평균	103

나 참가자 1은 엄청 잘하는데요? 229점이나 나오다니.

선생님 전부 스페어여도 200을 넘을 수 없으니, 저 정도면 선수 수준이죠. 하지만 다른 사람들은 모두 100도 안 됩니다. 심지어 참가자 3은 겨우 59입니다.

자, 만약에 6명분의 구체적인 데이터는 보여주지 않고 평균만 발표한다면 사람들은 어떻게 판단할까요?

나 볼링 솜씨는 아마 6명 모두 103점 정도일 거라고 생각하겠죠.
하지만, 제가 참가자 1이라면 화가 날 것 같아요. "말도 안 돼.
내 점수는 229점이라고!" 이렇게요.

 선생님 내가 참가자 3이라면 "사실은 59점인데 103점이라고 생각
해줘서 기분 좋은데?"라고 생각할 거 같네요 (웃음).
그런데 이 예와 같이 **너무 크거나 작은 데이터가 있는 경우에는
'중앙값'이 등장할 차례입니다.**

 나 중앙값은 중앙에 있는 값인가요?

 선생님 그렇죠. 이름 그대로 **데이터를 작은 순서로 나열했을 때 딱
가운데 오는 값이 중앙값입니다.**
이 예시와 같이 데이터의 개수가 짝수일 경우에는 가운데가 없
으므로 가운데 있는 두 데이터의 평균을 중앙값으로 합니다.

$$59, \ 70, \ \boxed{77,} \ \boxed{88,} \ 95, \ 229$$

$$\frac{77+88}{2} = \frac{165}{2} = 82.5$$

나 중앙값이 82.5⋯⋯라니 평균인 103보다 작아졌네요. 참가자 1이 더 화나지 않을까요.

 선생님 하지만 나머지 5명이나 우리 같은 제삼자가 보기에는 중앙값인 82.5가 데이터의 분위기를 더 잘 파악하고 있다고 생각하지 않습니까?

 나 아하, 그런 식으로 생각하는군요.

그러고 보니 이름을 듣고 생각났는데, 중앙값은 연봉에 관한 기사 등에 등장했던 것 같아요.

 선생님 그렇죠. 세상에는 슈퍼 리치들이 있으니 연봉이 1억, 10억 등의 사람도 포함해서 평균을 계산하면 값이 확 올라가 버립니다. 그럴 때 데이터의 분위기를 파악하고 싶다면 중앙값이 적절합니다.

 나 중앙값이면 값이 내려가죠?

 선생님 이걸 보세요. <국민생활 기초조사>라고 해서, 일본 후생노동성이 소득에 대한 조사 결과를 정리한 내용입니다.

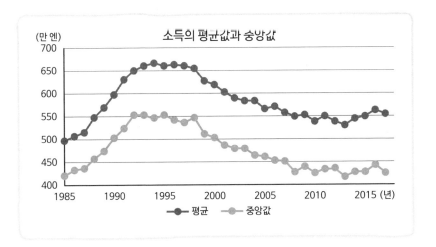

 나 오, 결과가 꽤 다르네요.

 선생님 참고로 2017년의 평균과 중앙값의 차는 129만 엔이고 1985년은 75만 엔입니다.

이런 사실을 알게 된 것에 만족하고 중앙값에 관한 이야기는 이쯤에서 마무리하겠습니다.

3교시 사실은 우리 주변에 있었다!? 데이터의 '기준화'

통계학에서 자주 행해지는 데이터 변환인 '기준화(standardization)'입니다. 무슨 말인지 몰라 불안해하지 않아도 됩니다. 학창 시절에 일희일비했던 그 숫자가 실은 기준화와 관련이 있습니다.

⇨ 데이터의 규격을 통일하는 '기준화'

 선생님 자, 오늘의 마지막 화제는 '기준화'입니다.

 나 기준화요???

 선생님 통계학에서 무척 자주 이루어지는 대단히 중요한 데이터 변환이에요. 쉽게 말하면 **단위가 다르거나 만점이 다른 변수의 규격을 통일하기 위한 변환**입니다. 이것을 '**표준화**'라고 하기도 해요.

 나 쉽게 말한다고 하셨지만 오히려 무슨 뜻인지 모르겠어요.

 선생님 괜찮아요, 이제부터 드는 예를 함께 생각해 보면 이해할 수 있어요.

다음 표는 국어와 사회 시험의 결과입니다. 국어 시험에서 수험생 1은 100점을 받았고, 사회 시험에서 수험생 2는 100점을 받았습니다.

	국어	사회
수험생 1	100	28
수험생 2	26	100
수험생 3	67	27
수험생 4	82	54
수험생 5	99	33
수험생 6	45	14
수험생 7	56	25
수험생 8	65	30
수험생 9	93	40
수험생 10	67	49
평균	70	40

 나 만점을 받아서 다행이네요.

 선생님 둘 다 잘했다고 칭찬해주고 싶네요. 그런데 같은 100점이지만 실은 수험생 2의 100점이 더 가치가 있어요.

 나 가치가 있다뇨?

 선생님 평균점을 잘 보세요. 국어 평균 점수보다 사회 평균점이 더 낮지요?
평균이 40점이니 시험이 어려웠을 텐데 100점을 받았으니 대단한 일이죠.

 나 아, 가치가 있다는 건 그런 뜻이군요!

 선생님 또 하나 예를 들어볼게요. 수학 시험에서 수험생 1은 100점을 받았고 영어 시험에서 수험생 2는 100점을 받았습니다.

	수학	영어
수험생 1	100	50
수험생 2	42	100
수험생 3	65	55
수험생 4	87	58
수험생 5	58	46
수험생 6	53	47
수험생 7	44	48
수험생 8	29	54
수험생 9	18	53
수험생 10	64	49
평균	56	56
표준편차	23.6	15.1

 나 둘 중 어느 과목의 100점이 더 가치가 있냐는 이야기군요. 평균점을 보면, 아 둘 다 56점이구나. 그렇다는 건 두 과목의 100점이 같은 가치인 걸까요?

 선생님 아니오. 답은 영어입니다.
표준편차를 잘 보세요.

 나 앗, 여기서 표준편차가 등장하는군요!

 선생님 표준편차가 작은 것은 영어 과목입니다. 그렇다면?

 나 10명의 점수는 수학보다 영어 점수가 흩어진 정도가 작네요!
(머쓱)

 선생님 맞아요! 흩어진 정도가 작다는 건 다들 점수가 비슷해서 1, 2점 차이로 등수가 바뀌는 치열한 전투였다고 할 수 있어요.

즉 '1점의 무게'는 영어가 더 무거웠던 겁니다.

 나 그러니까 같은 100점이라도 수험생 2의 100점이 더 가치가 있다는 말씀이군요.

 선생님 그렇죠.
그런데 이 두 가지 예는 모두 수험생이 10명밖에 없었으므로 100점의 가치가 같은지 다른지 직접 확인하기 쉬웠어요. 그렇지만 대형 입시 학원처럼 수백 명, 수천 명이나 되는 데이터일 때는 이렇게 느긋하게 일일이 확인할 수 없겠죠?

 나 그렇죠.

 선생님 그럴 때 편리한 것이 '기준화'라는 데이터 변환입니다.
기준화를 할 때는 각 데이터에서 평균을 빼고 그것을 표준편차로 나눕니다.

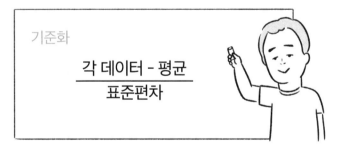

기준화

$$\frac{\text{각 데이터} - \text{평균}}{\text{표준편차}}$$

 나 또 표준편차가 등장! 그런데 꼭 분자가 제곱할 것 같은 느낌이네요?

 선생님 그렇게 보이겠지만 제곱은 하지 않습니다.

선생님 수학과 영어 시험 결과를 기준화한 것이 다음 표입니다. 또 기준화된 데이터를 **'기준값'** 또는 **'표준점수'** 등으로 부른다.

	수학	영어		수학의 기준값	영어의 기준값
수험생 1	100	50	수험생 1	1.86	-0.40
수험생 2	42	100	수험생 2	-0.59	2.91
수험생 3	65	55	수험생 3	0.38	-0.07
수험생 4	87	58	수험생 4	1.31	0.13
수험생 5	58	46	수험생 5	0.08	-0.66
수험생 6	53	47	수험생 6	-0.13	-0.60
수험생 7	44	48	수험생 7	-0.51	-0.53
수험생 8	29	54	수험생 8	-1.14	-0.13
수험생 9	18	53	수험생 9	-1.61	-0.20
수험생 10	64	49	수험생 10	0.34	-0.46
평균	56	56	평균	0	0
표준편차	23.6	15.1	표준편차	1	1

수험생 1의 수학의 기준값 $= \dfrac{100-56}{23.6} = 1.86$

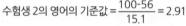

수험생 2의 영어의 기준값 $= \dfrac{100-56}{15.1} = 2.91$

 나 기준값을 보면 어느 100점이 더 가치가 있는지 일목요연하게 알 수 있네요.
그런데 잠깐만요. 기준값이 어떤 의미인지 아직도 잘 이해하지 못했는데요….

 선생님 기준값의 분자의 의미는 각 점수에서 평균점을 뺀 것이므로 평균 점수와의 차이를 나타냅니다. **평균 점수보다 점수가 높은 수험생은 플러스 값이 되고 낮은 수험생은 마이너스 값이 됩니다.**
여기까지는 이해가 되나요?

나 네.

 선생님 평균 점수와의 차이만으로는 점수의 가치를 잘 확인할 수 없습니다. 교과목에 따라 1점의 무게가 다르기 때문이죠. 그래서 **1점의 무게를 반영하기 위해 표준편차로 나누는 것**입니다.
점수가 흩어지는 정도가 작을수록 1점의 무게가 무겁기 때문에 기준치는 커지고, 흩어지는 정도가 클수록 1점의 무게가 가벼워서 기준치는 작아집니다.

 나 아하~ 이제 알겠어요!
잠깐 생각났는데 표준편차가 아니라 분산으로 나누면 안 되나요? 분산해서 나누어도 1점의 무게를 반영할 수 있을 것 같은데요….

선생님 참신한 발상이네요. 그런 생각은 한 번도 한 적이 없어요. 가즈키 씨의 아이디어는 나름대로 훌륭하지만 '표준편차로 나눈다' 이것이 기준값입니다.
참고로 기준값에는 다음과 같은 특징이 있습니다. 이것은 중요한 내용입니다.

- 만점이 몇 점의 변수이든, 그 기준값의 평균은 0이고 표준편차는 1이다.

- 어떤 단위의 변수이든, 예를 들어 cm이든 kg이든 상관없이 그 기준값의 평균은 0이고 표준편차는 1이다.

나 음, 평균이 0이 된다는 건 느낌상 알 것 같기도 하지만, 기준값의 표준편차가 1이라는 게 잘 와닿지 않네요….

 선생님 그럼 실제로 간단한 예시를 통해 확인해볼까요? 세세한 계산에 흥미가 없는 분은 건너뛰어도 됩니다.

	원 데이터	표준화한 데이터 (기준값)
A 씨	1	$\dfrac{1-3}{s}$
B 씨	2	$\dfrac{2-3}{s}$
C 씨	6	$\dfrac{6-3}{s}$
평균	$\dfrac{1+2+6}{3} = \dfrac{9}{3}$ $= 3$	$\dfrac{\left(\dfrac{1-3}{s}\right) + \left(\dfrac{2-3}{s}\right) + \left(\dfrac{6-3}{s}\right)}{3} = \dfrac{\left\{\dfrac{(1-3)+(2-3)+(6-3)}{s}\right\}}{3}$ $= 0$
제곱합	$(1-3)^2 + (2-3)^2 + (6-3)^2$ $= (-2)^2 + (-1)^2 + 3^2$ $= 4 + 1 + 9$ $= 14$	$\left(\dfrac{1-3}{s}-0\right)^2 + \left(\dfrac{2-3}{s}-0\right)^2 + \left(\dfrac{6-3}{s}-0\right)^2$ $= \left(\dfrac{1-3}{s}\right)^2 + \left(\dfrac{2-3}{s}\right)^2 + \left(\dfrac{6-3}{s}\right)^2$ $= \dfrac{(1-3)^2 + (2-3)^2 + (6-3)^2}{s^2}$ $= \dfrac{3}{s^2} \times \dfrac{(1-3)^2 + (2-3)^2 + (6-3)^2}{3}$ $= \dfrac{3}{s^2} \times s^2$ $= 3$
분산	$\dfrac{14}{3}$	$\dfrac{3}{3} = 1$
표준편차	$\sqrt{\dfrac{14}{3}}$ ※ 오른쪽 열을 계산하기 쉽도록, 이 값을 s 라는 기호로 표기했다.	$\sqrt{1} = 1$

⇨ 기준값은 모두 알고 있는 그 숫자였다!?

 선생님 사실 그다지 잘 알려지지 않았지만 기준값은 여러분에게 매우 익숙한 존재입니다.

나 혹시… 편차값?

 선생님 맞아요! '편차값'은 '기준값'을 약간 가공한 것입니다. 구체적으로는 기준값에 10배를 한 다음 50을 더합니다. 그래서 아까 기준값의 특징을 고려하면 상상이 갈 것 같은데, 편차값의 평균은 반드시 50이고 편차값의 표준편차는 반드시 10입니다.

 나 그렇구나. 그래서 편차값이 50이면 '보통이다'라고 하는군요~

 선생님 네. 평균점과 같다는 의미니까요.

 나 기준값을 일부러 가공해서 편차값으로 나타내는 이유는 뭘까요?

 선생님 미안하지만 나도 자세한 것은 모릅니다. 아마도 외형을 100점 만점 형식에 가깝게 하는 편이 분위기를 쉽게 파악할 수 있어서라거나, 평균점 미만인 학생의 성적이 마이너스 표기가 되지 않도록 한다거나 그런 사정이 있어서가 아닐까요.

 나 확실히 사춘기 시절에 '네 편차값은 -10이야'라는 말을 들으면 기가 죽겠네요….

선생님 교육적인 측면에서는 적절한 배려겠지요.

하지만 통계학에 익숙해지면 편차값보다 기준값이 훨씬 이해하기 쉽습니다. 평균을 밑돌면 마이너스니까요.

나 그러고 보니 그러네요.

 선생님 편차값의 관점에 대해 보충하자면, 학생들은 이번에는 편차값이 올랐네 내렸네 하면서 일희일비하지만 이 점을 알아야 합니다.

 나 그게 뭔가요?

 선생님 예를 들어 어떤 수험생이 입시 학원의 모의고사를 4월에 보았는데, 편차치가 52였다고 합시다. 이대로는 원하는 대학에 들어갈 수 없다는 생각에서 여름방학에 열심히 공부했습니다. 그 성과를 확인하기 위해 4월과는 다른 학원의 모의고사를 9월에 쳤는데, 편차치는 58이었습니다.

 나 열심히 공부한 성과가 나와서 다행이네요.

 선생님 잘 생각해봐요. 4월과 9월의 모의고사는 주최자가 다르니까 수험생도 꽤 다른 구성원이었을 겁니다.

편차값은 그 집단에서의 상대적인 위치를 수치화한 것이므로 구성원이 다른 집단의 편차값은 비교할 수 없습니다.

 나 아, 그렇군!

 선생님 바꾸어 말하면 편차값의 추이를 참고해도 좋은 것은 자신이 다니는 학교처럼 어떤 집단의 구성원이 고정된 경우에 한정됩니다.

다카하시 선생님의 데이터는 깔끔해!

손으로 그리거나

PC작업

디자이너가 도판을 만들 수 있도록 엑셀이나 워드로 소재를 준비합니다.

편집자는 '소재 정리'라는 일을 합니다.

안녕하세요

이 책의 담당 편집자입니다

이번에는 통계학이 주제니까 그래프 같은 도판이 많을 것 같은데…

80개!!??

며칠 만에 정리할 수 있을지…

참고로 평소에는 파일명이 뒤죽박죽…

■ 0715_최종
■ 200701지
■ 삼교0710_
■ 삼교0710.
■ 초교_0619

저자가 보내준 도판의 원 데이터를 확인한 뒤, 디자이너가 작업을 하기 쉽도록 파일링해서 번호를 붙이기도 합니다.

그림 5-1 그림 5-2 그림 5-3

엑셀은 워크시트명으로 번호 매김

■ 01 도판a.xlsx
■ 01 도판b.docx
■ 02 도판a.xlsx
■ 02 도판b.docx

장 별로 나눈 파일명

너무너무 깔끔해!

이미 정리 끝!!!

살았다!!

도판용 데이터를 보냅니다

뾰ー옹

응?

MAIL

선생님이 메일을 보내셨네

엇……
선생님이 준비하신 도판용 데이터

➡️ 데이터는 '수량 데이터'(양적 데이터)와 '범주형 데이터'(질적 데이터)의 2가지로 나눌 수 있다.

➡️ 데이터가 흩어진 정도를 나타내는 지표로는 '제곱합'과 '분산'과 '표준편차'가 있다.

제곱합	(각 데이터-평균)^{2}을 더한 것
분산	$\dfrac{제곱합}{데이터의 개수}$
표준편차	$\sqrt{분산}$

➡️ 분산에는 '불편분산'이라는 종류도 있다.

➡️ 데이터를 작은 순서로 나열했을 때, 정확히 한가운데에 오는 값을 '중앙값'이라고 한다.

➡️ 평균보다 중앙값이 지나치게 크거나 작은 데이터가 있는 경우에 도움이 된다.

➡️ '기준화'는 단위가 다르거나 만점이 다른 등 변수의 규격을 통일시켜주는 데이터 변환이다. '표준화'라고도 한다.

➡️ 기준화된 데이터를 '기준값' 또는 '표준 점수'라고 한다.

Takahashi
CLASS

4
일째

데이터의
분위기를 파악하자!
범주형 데이터 편

범주형 데이터의 분위기는 '비율'로 파악하라!

수량 데이터의 분위기를 파악하는 방법을 알았으니, 다음은 범주형 데이터입니다. 범주형 데이터의 키워드는 '비율'입니다.

➡ 범주형 데이터의 분위기 파악방법은 간단하다!

 선생님 어제는 수량 데이터의 분위기를 파악하는 방법을 알아봤습니다.

 나 오늘은 범주형 데이터의 분위기를 파악하는 방법을 가르쳐 주실 거죠?

 선생님 맞아요. 사실 이번에는 그렇게 설명할 게 없어요.

 나 그럼 혹시 수업이 일찍 끝나나요?

 선생님 네. 가즈키 씨도 점점 피곤해졌으니까 가끔은 이런 날이 있어도 괜찮지 않을까요?

 나 걱정해주셔서 송구합니다 (웃음).

⇨ 제곱합을 변형해 보자

 선생님 어제 수업에서 제곱합을 설명했는데, 기억이 나나요?

 나 제곱합은 일단 데이터가 흩어진 정도를 수치화하는 것이지만, 실제로는 다양한 분석기법의 배후에서 활약하고 있다고 하셨죠.

 선생님 범주형 데이터의 분위기를 파악하는 방법을 알아보기에 앞서, 뒤에 설명할 사정상 제곱합의 변형에 대해 잠깐 설명하겠습니다. 이번에는 비교적 수학 색깔이 짙은 이야기입니다.

 나 (수업이 일찍 끝날 줄 알고 좋아하던 참이었는데……!!) 얼마나 진한가요? 어려운가요? (겁먹음)

 선생님 아뇨, 전혀요. 기호를 사용한 설명이어서 지레 겁먹을 수도 있지만 실은 중학생 수준입니다.

 나 (안심) 그럼 괜찮을 것 같아요.

 선생님 변형을 설명하기 전에 다음 표를 살펴보세요.

각 데이터의 오른쪽 하단에 숫자가 추가되어 있지요.

	데이터 x
응답자 1	x_1
응답자 2	x_2
응답자 3	x_3
평균	$\bar{x} = \dfrac{x_1 + x_2 + x_3}{3}$
제곱합	S_{xx}

 나 꼭 운동선수 번호표 같네요.

 선생님 재미있는 발상이네요~.

자, 평균은 일반적으로 그 위에 가로선을 그어서 나타냅니다.

 나 죄송하지만 어떻게 읽어야 할까요…??

 선생님 엑스바(X-bar)입니다. 알파벳 위에 가로선이 있다면 평균을 말한다고 생각해주세요.

 나 위에 가로선이 있으면 평균이다(메모).

 선생님 그리고 제곱합은 'sum of squares'라고 해서 S_{xx}로 표기합니다.

나 S의 오른쪽 아래에 x를 붙이는 의미는 알 거 같기도 하지만 왜 2개나 붙일까요? 저 좀 집요하죠?(웃음).

 선생님 제곱합 중에 '**곱합**'이라는 것이 있는데, 예를 들어 'x와 y의 곱합'은 S_{xy}로 표기합니다. 그것과 쌍을 이루는 의미에서 S_{xx}라고 표기합니다.

그럼 이들 기호를 사용해서 제곱합을 변형하겠습니다.
제곱합은 다음과 같습니다.

$$\text{(각 데이터 − 평균)}^2\text{을 더한 것}$$

이걸 기호를 사용해서 표현하면,

$$S_{xx} = (x_1 - \overline{x})^2 + (x_2 - \overline{x})^2 + (x_3 - \overline{x})^2$$

이렇게 되죠. 여기까지는 이해할 수 있나요?

 나 괜찮습니다!

 선생님 그럼 이제 방금 식을 변형하겠습니다.

$$S_{xx} = (x_1 - \overline{x})^2 + (x_2 - \overline{x})^2 + (x_3 - \overline{x})^2$$
$$= x_1^2 - 2x_1\overline{x} + (\overline{x})^2 + x_2^2 - 2x_2\overline{x} + (\overline{x})^2 + x_3^2 - 2x_3\overline{x} + \overline{x}^2$$
$$= x_1^2 + x_2^2 + x_3^2 - 2(x_1 + x_2 + x_3)\overline{x} + 3(\overline{x})^2$$
$$= x_1^2 + x_2^2 + x_3^2 - 2(x_1 + x_2 + x_3) \times \frac{x_1 + x_2 + x_3}{3} + 3\left(\frac{x_1 + x_2 + x_3}{3}\right)^2$$
$$= x_1^2 + x_2^2 + x_3^2 - 2 \times \frac{(x_1 + x_2 + x_3)^2}{3} + \frac{(x_1 + x_2 + x_3)^2}{3}$$
$$= x_1^2 + x_2^2 + x_3^2 - \frac{(x_1 + x_2 + x_3)^2}{3}$$

 나 언뜻 보면 뒤죽박죽 복잡하지만⋯⋯한 줄씩 자세히 보면 순차적으로 계산했을 뿐이네요.

 선생님 네. 어려운 건 전혀 없습니다.

그런데 지금의 제곱합은 3명의 데이터였습니다. n인의 데이터에서도 동일하게 변형할 수 있습니다. '⋯'라는 기호는 생략이라는 뜻이에요.

$$S_{xx} = (x_1 - \overline{x})^2 + (x_2 - \overline{x})^2 + \cdots + (x_n - \overline{x})^2$$
$$= x_1^2 + x_2^2 + \cdots + x_n^2 - \frac{(x_1 + x_2 + \cdots + x_n)^2}{n}$$

 나 요컨대 위 식의 두 줄처럼 제곱합은 두 가지 패턴으로 표현할 수 있다는 건가요?

 선생님 맞아요! 이 사실을 꼭 기억하세요.

⇨ 범주형 데이터의 분위기를 파악하는 방법은 초단순!

 선생님 오래 기다리셨습니다. 이제부터 오늘의 본론인 범주형 데이터의 분위기를 파악하는 방법을 알아보겠습니다.

 나 넵. 알겠습니다!

 선생님 다음은 어떤 유튜버(YouTuber)에 대해 '좋다', '싫다', '둘 다 아니다'라는 3가지 선택으로 답변을 받은 결과입니다.

	저 유튜버 어떻게 생각해? x
응답자 1	좋다
응답자 2	싫다
응답자 3	싫다
응답자 4	좋다
응답자 5	싫다
응답자 6	둘 다 아니다

이런 범주형 데이터의 분위기를 파악하는 방법은 수량 데이터와 달리 매우 단순합니다. **비율을 따지기만 하면 됩니다.** 표와 그래프로 정리하면 이런 느낌이에요.

	도수	비율
좋다	2	$\frac{2}{6}$
둘 다 아니다	1	$\frac{1}{6}$
싫다	3	$\frac{3}{6}$
합계	6	1

$n=6$

0% 25% 50% 75% 100%

■좋다 ■둘 다 아니다 ■싫다

 나 '도수'는 해당하는 인원을 말하나요?

선생님 그렇습니다.
그럼 오늘의 본론은 이것으로 끝입니다.

 나 어, 이것뿐이에요? 생각보다 너무 일찍 끝나네요….

 선생님 수업이 끝이라고 말한 건 아니에요. 본론 설명만 끝났을
뿐이에요. 이어서 응용문제입니다.

⇨ 2진 데이터는 수량 데이터로 취급할 수 있다!

 선생님 '좋다 or 싫다', '산다 or 사지 않는다'와 같이 **범주의 개수**
가 2개인 범주형 데이터를 '2진 데이터(Binary data)'라고 합니다.
이것은 사실은 범주형 데이터이지만 마치 수량 데이터처럼 취급
할 수 있습니다.

 나 ???…이해가 잘 되지 않는데요.

 선생님 자, 이 표를 보세요. 어느 가게의 라면에 관해 2가지 선택
지에서 고른 답변입니다.

	저 가게의 라면은 맛있나요 ? x
응답자 1	아니오
응답자 2	네
응답자 3	네
응답자 4	아니오
응답자 5	네

보면 바로 알 수 있듯이 '네'라고 대답한 사람의 비율은 $\frac{3}{5}$입니다. 그런데 이 표의 '예'를 1로 바꾸고 '아니오'를 0으로 바꾼 것이 이 표입니다.

	저 가게의 라면은 맛있나요 ? x
응답자 1	0
응답자 2	1
응답자 3	1
응답자 4	0
응답자 5	1

 나 대체한 줄 모르는 상태에서 이 표를 보면 처음부터 수량 데이터였다고 생각하겠네요.

 선생님 그럼 처음부터 수량 데이터였다고 속은 셈 치고 평균을 계산해 보세요.

 나 네. $\dfrac{0+1+1+0+1}{5} = \dfrac{3}{5}$

앗, 원래 데이터의 비율과 똑같군!

 선생님 그렇습니다. 이게 바로 아까 말한 2진 데이터는 수량 데이터처럼 취급할 수 있다는 의미입니다.

2진 데이터의 제곱합과 분산, 표준편차를 계산해 봅시다.

■ 제곱합

$$S_{xx} = \left(0-\frac{3}{5}\right)^2 + \left(1-\frac{3}{5}\right)^2 + \left(1-\frac{3}{5}\right)^2 + \left(0-\frac{3}{5}\right)^2 + \left(1-\frac{3}{5}\right)^2$$

$$= 0^2 + 1^2 + 1^2 + 0^2 + 1^2 - \frac{(0+1+1+0+1)^2}{5}$$

118쪽에서 설명한 변형

$$= 0+1+1+0+1 - \frac{(0+1+1+0+1)^2}{5}$$

$$= (0+1+1+0+1)\left(1 - \frac{(0+1+1+0+1)}{5}\right)$$

(0+1+1+0+1)로 묶는다

$$= 3\left(1 - \frac{3}{5}\right)$$

■ 분산

$$\frac{S_{xx}}{5} = \frac{3\left(1-\frac{3}{5}\right)}{5}$$

$$= \frac{3}{5}\left(1 - \frac{3}{5}\right)$$

$$= \overline{x}(1 - \overline{x}) \quad \leftarrow 2진 데이터의 분산$$

■ 표준편차

$$\sqrt{\frac{S_{xx}}{5}} = \sqrt{\frac{3}{5}\left(1 - \frac{3}{5}\right)}$$

$$= \sqrt{\overline{x}(1 - \overline{x})} \quad \leftarrow 2진 데이터의 표준편차$$

나 저어~ 계산이 어중간한 분수로 끝나서 굉장히 찜찜한데요…. 계산을 더 해서 결과를 소수로 나타내면 안 되는 건가요?

선생님 호오. 문과계 사람들은 그런 점이 신경 쓰이는군요?

나 소수가 분위기를 파악하기 쉽다고 할까, 현실감이 느껴진다고 할까.

 선생님 확실히 분수는 실무적으로는 환영받지 못할 수도 있겠네요. 프레젠테이션 자료에 넣으면 눈에 잘 안 들어올 수도 있고요. 하지만 통계학이나 수학에서는 분수가 추상적인 계산을 하기 쉽기 때문에 굳이 소수로 표시하진 않습니다.

 나 그렇군요….

 선생님 기억해 두면 좋은데 2진 데이터의 분산은 반드시 $\bar{x}(1-\bar{x})$이고 표준편차는 $\sqrt{\bar{x}(1-\bar{x})}$입니다. 그리고 2진 데이터를 수량 데이터로 취급하는 이야기는 뒤에 설명할 '모집단의 비율 추정'에도 나오니까 기대해 주세요!

⇨ 그 집계 방법은 틀렸어요!

 선생님 범주형 데이터에 대해 하나만 더 보충합시다.
여담이라고 생각하고 커피라도 마시면서 편안하게 들으면 됩니다.

 나 아, 감사합니다.

 선생님 어떤 고속버스 회사가 이용자의 종합 만족도에 대한 설문조사를 했습니다. 선택지에는 매우 나쁨, 다소 나쁨, 다소 좋음, 매우 좋음의 4가지가 있습니다.

	종합만족도
질문, 이 고속버스에 대한 종합 만족도를 들려주세요. (○은 하나만)	

질문, 이 고속버스에 대한 종합 만족도를 들려주세요. (○은 하나만)

1. 매우 나쁨	2. 다소 나쁨	3. 다소 좋음	4. 매우 좋음

	종합만족도
응답자 1	4
응답자 2	4
응답자 3	3
응답자 4	1
응답자 5	3

 선생님 이런 설문조사를 통해 데이터를 얻은 뒤, 각 선택지를 '매우 나쁨'부터 순서대로 1점, 2점, 3점, 4점으로 바꾸어서 평균을 계산하는 것이죠.

이번 사례라면 응답자 1부터 응답자 5까지 합계는 15점입니다. 인원이 5이기 때문에 평균은 3점. '종합 만족도의 평균은 3점'이라고 결론을 내립니다.

 나 네 (후룩).

 선생님 그런 계산을 하는 행위는 잘못이고 용서받을 수 없습니다.

 나 풉! 이건 전혀 여담이 아니네요 (웃음). 다들 그렇게 할 거 같은데요….

선생님 하면 안 돼요.
이런 단계적 평가의 데이터를 더하거나 빼거나 곱하거나 나누면
안 됩니다.

 나 왜 그러죠?

 선생님 예를 들어, 응답자 1은 도넛을 4개 먹었다고 합시다.

 나 왜 갑자기 도넛!?

 선생님 그냥 들어봐요. 응답자 1은 도넛을 4개 먹었다고 합시다. 응답자2도 4개를 먹었다고 칩시다.

2명이 먹은 개수는 당연히 '완전히 같다'입니다.

그런데 조금 전의 설문조사에서 응답자 1은 '매우 좋음'에 동그라미를 했죠. 응답자 2도 '매우 좋음'에 동그라미를 쳤어요. 두 사람이 속으로 느낀 '매우 좋음'이라는 감각은 '완전히 같을'까요?

나 두 사람은 서로 다른 사람이므로 마음속으로 느낀 '매우 좋음'이라는 감각이 '완전히 같다'일 수는 없어요.

 선생님 그렇죠. 4가지 선택 중 하나를 골라야 한다는 제약이 있기 때문에 둘 다 어쩌다 '매우 좋음'에 동그라미를 친 것뿐입니다.

그렇다면 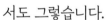 **응답자 1과 응답자 2의 데이터를 일률적으로 4점으로 바꾸는 것은 부적절하겠죠?**

 나 아아, 그렇구나…!

 선생님 마찬가지로 응답자 1에서 응답자 5까지의 데이터를 점수로 바꿔 5명의 평균을 계산하는 것도 부적절합니다.

 나 아, 이제 알겠습니다!

 선생님 그거 다행이군요.
하지만 사실은 말이죠, 사실은 해서는 안 되는 일인데 이런 식의 대체는 곳곳에서 당연하게 행해지고 있어요. 학술 논문에서도 그렇습니다.

 나 네!? 왜 그럴까요?

 선생님 이건 사견이지만 단계적 평가의 데이터의 수치화를 시도했던 사람들은 '사실은 좋지 않은 행위'라고 공통적으로 인식했을 겁니다. 그와 동시에 '이 행위는 연구와 비즈니스를 원활하게 진행하기 위한 필요악'이라고 인식했던 게 아닐까요.

 나 처음에는 죄책감을 느꼈다는 거군요.

 선생님 그런데 차츰 '저 명문대의 그 교수가 발표한 논문에서도 저렇게 수치화했으니 괜찮은가 봐!'라는 식으로 서서히 인식이 바뀌면서, 정신을 차려보니 '필요악'이 아닌 '올바른 행위'로 받아들여진 건 아닐까 생각합니다.

 나 그 흐름을 끊기는 상당히 힘들지 않을까요?

 선생님 이 책이 백만 권쯤 팔리면 정말 안 좋은 일이라는 인식이 조금은 퍼질지도 모르죠 (웃음).

'선거는 하는 게 좋다'는 이야기

아래 그림은 일본 총무성이 작성한 지사 선거 투표율의 최고 기록과 최하 기록입니다.

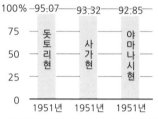

※2019년 2월 4일 ※출처 : 총무성 〈눈으로 보는 투표율〉

"선거는 하는 게 좋아요"라고 하면 "어차피 선거해도 세상은 아무것도 달라지지 않아요"라고 대답하는 사람들이 꼭 있습니다. 물론 변하지 않을 수도 있어요. 하지만 바뀔 수도 있는 거죠.

예를 들어 어느 선거구에서 여당 소속인 A씨, 야당 소속인 B씨와 C씨, 이렇게 3명이 입후보했다고 합시다.

그 선거구의 유권자는 100명입니다. 선거 결과 30표를 얻은 A씨가 당선되었습니다. 또한 투표율은 다음과 같았습니다.

$$투표율 = \frac{투표자수}{유권자수} = \frac{60}{100} = 60\%$$

100명으로 구성된 유권자 중 40명이 선거를 하러 가지 않은 거죠.

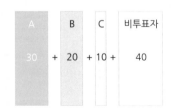

그러면 만약에 투표하러 가지 않은 40명 중 20명이 투표를 해서 투표율이 80%였다면 어떻게 될까요?

$$\frac{투표자수}{유권자수} = \frac{80}{100} = 80\%$$

선거에 가지 않은 40명 중 20명이 선거에 나가, 야당 소속인 B씨에게 투표했다면….

이 경우 당선자는 30표를 얻은 A씨가 아니라 (20+20)표를 얻은 B씨입니다.

A	B	C	B	비투표자
30	+ 20	+ 10 +	20	20

선거에 가지 않은 40명 중 20명이 선거에 가서 야당 소속인 C씨에게 투표했다면….

이 경우는 A씨와 C씨가 동점자가 되겠죠.

A	B	C	C	비투표자
30	+ 20	+ 10 +	20	20

모두 선거에 가지 않은 사람 중 20명 전원이 야당 소속의 특정 후보자에게 투표한다는 가정이었습니다. 이 가정은 실제로는 일어나지 않을 겁니다.

그렇다고 해도 선거를 하러 가는 사람이 많으면 당선자가 바뀔 가능성도 있다는 점은 이해할 수 있었을 것입니다. 따라서 선거는 하는 편이 좋습니다.

➡ x의 평균은 $\bar{x}$라고 표기한다.

➡ x의 제곱합은 S_{xx}라고 표기한다.

➡ 제곱합을 표현하는 방법은 2가지가 있다.

➡ 범주형 데이터의 분위기를 파악하는 방법은 비율을 계산하는 것이다.

➡ 범주의 개수가 2개뿐인 범주형 데이터를 '2진 데이터'라고 한다.

➡ 2진 데이터는 수량 데이터로 취급한다.

➡ 2진 데이터의 분산은 $\bar{x}(1-\bar{x})$이다.

➡ 단계적 평가를 하는 데이터를 더하거나 빼거나 곱하거나 나누는 행위는 사실은 부적절하다.

Takahashi
CLASS

5
일째

데이터를 가시화한다!
정규 분포

데이터의 분위기를 한눈에 알 수 있다! 히스토그램과 확률 밀도 함수

5일째 수업에서는 다양한 분석기법의 토대가 되는 지식을 소개합니다. 먼저 데이터의 분위기를 한눈에 파악할 수 있는 히스토그램과 확률 밀도 함수를 살펴보겠습니다.

⇨ '도수분포표'로 '히스토그램'을 만들자

 선생님 오늘은 요, '**확률 밀도 함수**'라는 것을 공부겠습니다.

'정규 분포'라는 용어를 어디서 들어본 적이 있나요?
정규 분포는 확률 밀도 함수의 일종입니다.
이번 수업의 최종 목표는 **정규 분포**와 **표준 정규 분포**를 이해하는 것입니다.

 나 확률 밀도 '함수'라면 그래프를 가리키나요?

 선생님 네. 그래프와 그 식을 가리킨다고 생각하면 됩니다.

오늘 수업은 수학적 색채가 강하지만 통계학의 다양한 분석기법의 토대가 되는 지식이니까 잘 따라오세요.

 나 집중하겠습니다!

선생님 자, 시작합시다. 이것은 효고현의 모든 중학교 3학년이 치른 영어 시험 결과입니다.

	영어 시험 결과
학생 1	42
학생 2	91
⋮	⋮
학생 31772	50
평균	56
표준편차	19

나 31,772명!

선생님 많네요~.
이렇게 많으면 데이터의 분위기를 파악하기 어렵기 때문에 그래프로 만들어봅시다.

나 어떻게 하나요? 데이터를 하나하나 나타내나요?

선생님 '도수분포표'라는 표를 만들고 그것을 바탕으로 '히스토그램'이라는 그래프를 그립니다.

나 오오오.

선생님 이게 도수분포표입니다.

계급		계급값	도수	상대도수	상대도수/계급폭
이상	미만				
0 ~	10	5	86	0.00271	0.000271
10 ~	20	15	648	0.02040	0.002040
20 ~	30	25	2286	0.07195	0.007195
30 ~	40	35	4662	0.14673	0.014673
40 ~	50	45	4922	0.15492	0.015492
50 ~	60	55	3365	0.10591	0.010591
60 ~	70	65	5883	0.18516	0.018516
70 ~	80	75	7181	0.22602	0.022602
80 ~	90	85	2535	0.07979	0.007979
90 ~	100	95	200	0.00629	0.000629
100 ~	110	105	4	0.00013	0.000013
합계			31772	1	0.1

 선생님 일단 왼쪽을 잘 보세요. '0점 이상 10점 미만', '10점 이상 20점 미만' 이런 식으로 구분했죠. 이런 구간을 **계급**이라고 합니다.

그리고 각 계급의 길이를 **계급폭**이라고 합니다. 여기서는 10이 계급입니다.

 나 '계급폭'은 분석자가 자유롭게 정해도 되나요?

 선생님 네. 가능합니다.

 나 이런 건 자유롭네요!

 선생님 그런데 '계급'의 오른쪽 옆에 있는 **계급값**이라는 건 계급의 중간 값을 말합니다.

나 네.

 선생님 또한 그 오른쪽 옆의 '도수'는 각 계급에 해당하는 데이터의 개수를 말합니다.
그리고 각 계급의 도수가 전체의 몇 퍼센트에 해당하는가가 **'상대도수'**입니다.

 나 우와, 기억할 것들이 갑자기 많아졌네요….

 선생님 물론 외워야 하는 것은 여러 개이지만 각각의 의미는 어렵지 않으니까 걱정하지 말아요.

아, 그리고 또 하나, 도수분포표에는 본래 포함되지 않지만 앞으로 설명할 때 필요한 내용이어서 $\dfrac{상대도수}{계급폭}$ 도 추가했습니다. 오른쪽 끝 칸입니다.

 나 음 '0점 이상 10점 미만'의 상대도수는 0.00271이니까 계급폭이 10이므로 $\dfrac{상대도수}{계급폭}$ 는 $\dfrac{0.00271}{10}$ 이라는 거죠?

 선생님 맞아요.
이 도수분포표를 바탕으로 히스토그램이라는 그래프를 그리면 다음과 같습니다.

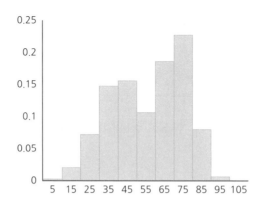

 선생님 이 히스토그램의 가로축은 '영어 시험 결과'입니다. 계급 폭이 10이므로 막대의 폭도 10입니다. 5, 15, 25로 설정한 눈금은 계급값이에요.

 나 그런데 시험은 100점 만점이 아닌가요? 오른쪽 끝에 105라는 것은…??

 선생님 100점을 받은 사람을 위해 100점 이상 110점 미만이라는 계급이 설정된 거죠. 그 계급값이 105에요.

 나 아, 그런 말씀이시군요.

 선생님 히스토그램의 세로축은 '상대도수'
그래서 이렇게 히스토그램을 그리면 '75점 정도인 사람들이 많구나'라고 한눈에 알아볼 수 있습니다.

 나 데이터의 분위기를 한 번에 알 수 있네요!

나는 77점~   난 76점이네~   나는 75점~   73점이야~

 선생님 그런데 지금의 히스토그램의 세로축을 설명하기 편하게 '상대도수'에서 $\dfrac{\text{상대도수}}{\text{계급폭}}$ 으로 변경하겠습니다.

 나 ……

 선생님 '왜?' 그런 일을 하냐는 표정이군요. 일단은 넘어가세요.

 나 네….

 선생님 자, 하나 확인해볼까요. 예를 들어 '0점 이상 10점 미만'의 상대도수는 0.00271이므로 계급폭은 10입니다. 그러면 막대의 높이인 $\dfrac{\text{상대도수}}{\text{계급폭}}$ 는 0.000271이 나옵니다.

 나 네.

 선생님 계급폭을 지금의 10에서 점점 좁혀 가면 히스토그램 모양이 어떻게 변하는지 확인해봅시다.
이걸 보세요.

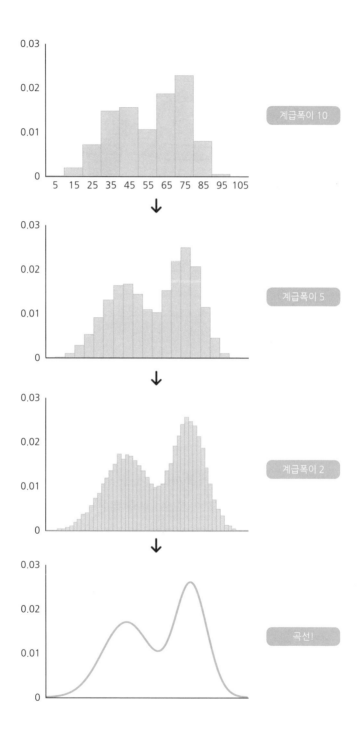

계급폭이 10

계급폭이 5

계급폭이 2

곡선!

선생님 계급폭을 좁혀서 최종적으로 도달하는 곡선의 식, 그것이 '확률밀도함수'입니다.

 나 으음⋯. 기본적으로는 이해한 것 같은데요, 그래도 의문점이 있습니다.

 선생님 뭘까요?

 나 이 예에서는 시험 점수가 상대니까, 계급폭을 1보다 작게 좁힐 수는 없겠죠. 그러니까 막대의 꼭대기를 선으로 이어도 삐죽삐죽 각이 져서 곡선이 되지 못하지 않을까요……?

 선생님 앗, 들켰군요! 이 예에서는 사실은 곡선이 되지 못합니다. 하지만 거의 곡선이므로 이건 너그럽게 넘어가 주세요.

⇨ 확률 밀도 함수 그래프와 가로축 사이에 낀 부분의 면적은 1

 선생님 확률 밀도 함수에는 중요한 특징이 있습니다. **확률 밀도 함수 그래프와 가로축 사이에 낀 부분의 면적은 반드시 1입니다.**

 나 꼭요?

 선생님 반드시 그렇습니다. 잎에서 그린 최초의 히스토그램인 계급폭이 10이고 세로축이 상대도수인 것을 생각해 보세요.
모든 막대의 면적을 구해보세요. 어떤 막대든 가로폭은 10이고 높이는 상대도수입니다. 따라서 모든 막대를 쌓아올리면 가로폭이 10이고 높이가 1인 직사각형이 됩니다.

그러므로 모든 막대의 면적은 10×1-10입니다. 여기까지 이해가
되나요?

 나 네.

 선생님 다음으로 그 히스토그램의 세로축을 상대도수에서 $\dfrac{상대도수}{계급폭}$
으로 바꿉니다. 모든 막대의 면적으로 구해보죠.
어느 막대건 가로폭은 10이고 높이는 $\dfrac{상대도수}{계급폭}$ 입니다. 그러므로
모든 막대를 쌓아올리면 **가로폭이 10이고 높이가 $\dfrac{1}{10}$ 인 직사각형**
이 됩니다.
따라서 모든 막대의 면적은 $10 \times \dfrac{1}{10} = 1$입니다.

나 그렇군요.

 선생님 마지막으로 계급폭이 2이고 세로축이 $\frac{상대도수}{계급폭}$ 인 경우를
생각해볼까요. 모든 막대의 면적을 구해봅시다.
어느 막대건 계급폭은 2이고 높이는 $\frac{상대도수}{계급폭}$ 입니다. 그러므로
모든 막대를 쌓아올리면 **가로폭이 2이고 높이가 $\frac{1}{2}$인 직사각형**이
됩니다.
따라서 모든 막대의 면적은 $2 \times \frac{1}{2} = 1$입니다.

 선생님 이렇게 생각하면 확률 밀도 함수의 그래프와 가로축에 낀
부분의 면적은 반드시 1임을 할 수 있죠.

 나 잘 알았습니다!

정규 분포를 마스터하자!

LESSON 2교시
5일째

확률 밀도 함수에는 몇 가지 중요한 점이 있다. 가장 중요한 정규 분포에 대해 충분히 시간을 들여 알아보자.

⇨ 중요한 확률 밀도 함수를 기억하자

 나 히스토그램 계급폭을 확 좁힌 최종 모습이 확률 밀도 함수 그 래프니까 다양한 모양이 있겠네요.
뱀처럼 구불구불한 모양이라던가.

 선생님 맞아요. 무한한 가능성이 있겠죠.
그것들 중 통계학에서 학술적으로 중요하다고 생각하는 확률 밀도 함수가 몇 가지 있습니다. 't분포'도 그중 하나입니다.

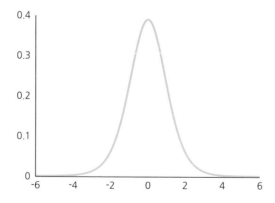

니 깔끔히게 피우데킹이네요.

 선생님 네. t분포는 모집단의 평균에 관해 추론할 때 활약합니다.
또 '**F분포**'도 중요합니다.

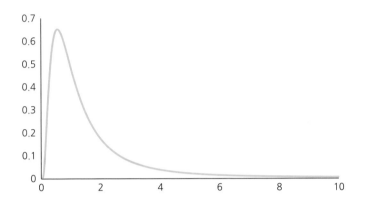

 나 이상한 모양이네요.

 선생님 F분포도 모집단의 평균에 관해 추론할 때 활약합니다.

 나 오호.

 선생님 그리고 t분포와 F분포도 중요하지만 가장 중요한 건 '**정규
분포**'입니다.
다음 그래프는 평균이 53이고 표준편차가 10인 정규 분포입니다.

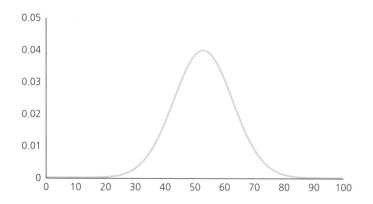

 나 t분포와 비슷하네요. 깔끔하게 좌우대칭.

 선생님 그렇습니다. 정규 분포의 그래프 모양에는 다음과 같은 특징이 있습니다.

> · 평균을 경계로 좌우대칭이다
> · 평균과 표준편차의 영향을 받는다

그래프를 보면서 생각하면 빠르게 이해할 수 있습니다.

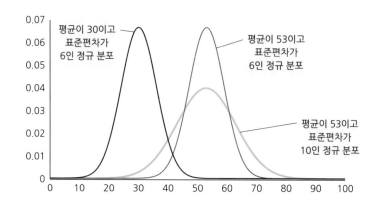

나 이, 그렇군요. <u>표준편차</u>가 작다는 건 데이터가 흩어진 정도가 작다는 뜻이고, 그래서 산의 아랫부분이 좁아지는군요.

 선생님 그렇습니다.

여기서 통계학 특유의 표현을 소개하겠습니다. 예를 들면 '아이치현의 "모든" 중학교 3학년의 수학 시험결과'로 히스토그램을 그리고 그 계급폭을 확 좁힌 최종 모습이 '평균이 53이고 표준편차가 10인 정규 분포'의 그래프와 일치한다고 칩시다.

그 상황을 통계학에서는 **'수학 테스트 결과는 평균 53이고 표준편차가 10인 정규 분포를 따른다'**라고 표현합니다.

 나 '따르다'니, 뭔가 어색하게 들리네요.

 선생님 독특한 표현입니다만 규칙이므로 원래 그런 거라고 생각해 주세요.

 나 지금 '따르다'만큼은 좀 걸리지만 오늘 수업이 그렇게 어렵진 않네요.

 선생님 아니요, 안심하기는 아직 이릅니다. 다음 이야기를 듣고 나서 안심해주세요.

문과생에게는 장벽이 조금 높을 수 있겠지만… 그렇지 않으면 이야기를 진행할 수 없네요. 자, 정규 분포 그래프의 식을 보여드리겠습니다.

$$f(x) = \frac{1}{\sqrt{2\pi} \times \text{표준편차}} \exp\left\{ -\frac{1}{2} \left(\frac{x - \text{평균}}{\text{표준편차}} \right)^2 \right\}$$

 나 으아아아!
죄송합니다. 오늘은 이만 셔터 내려도 될까요……?

 선생님 알아들을 수 있도록 설명할 테니까 조금만 기다려봐요!
(웃음)

먼저 'f(x)='는 말이죠, '이 그래프의 식은 어떤 것이냐면…'이라
는 뜻이라고 보면 됩니다.
예를 들어 2차 함수는 $y = ax^2 + bx + c$라고 쓰는데,
$f(x) = ax^2 + bx + c$로 써도 됩니다.

 나 그렇군요. 그럼 'exp'는 뭘까요?

 선생님 네이피어 상수입니다

 나 네이피어 상수라는 게 분명히 첫 수업에 나왔죠! (거의 기억나

지 않지만…)

 선생님 2.7182… 이런 식으로 영원히 이어지는 숫자입니다. 원래 네이피어 상수가 뭔가 하면 'n이 무한대인 경우의 $(1+\frac{1}{n})^n$'라는 뜻입니다. 이과계열에서는 일상적으로 사용하죠.

 나 지금 제가 외계인이 된듯한 기분이네요….

 선생님 지금 당장 이 식을 완전히 이해하려 하지 않아도 됩니다. 조금씩 익숙해지면 좋겠지요.

그래서 exp의 오른쪽 옆에 있는 괄호 말인데요….

 나 있는 줄도 몰랐네요 (웃음).

 선생님 이건 **네이피어 상수의 몇 제곱**이라는 뜻이에요. 예를 들어 exp(3)는 e^3을 의미합니다. 괄호의 내용이 너무 복잡해서 잘못 읽을 가능성이 있을 경우, exp로 표기하는 경향이 있습니다.
자, 이제 정규 분포에 대한 설명은 이상입니다.

 나 네~ (끝났구나…후우)

⇨ 정규 분포에 일치하는 데이터가 존재하는가?

 나 그런데 어떤 데이터를 갖고 만든 히스토그램의 계급폭을 확 좁혔더니 최종 모습이 정규 분포의 그래프와 완전히 일치하는 일이 현실에 있을 수 있을까요?

 선생님 아니오. 있을 수 없습니다.

 나 역시 그렇군요.

 선생님 하지만 일치한다고 간주할 수도 있을 거라고 판단하는 건 그리 이상한 이야기는 아닙니다.
예를 들면 '가나가와현의 "모든" 고등학교 1학년 남학생의 키'라거나 '쿄토부의 "모든" 초등학교 4학년 여학생의 50미터 달리기 시간'이라든가.

 나 그렇죠.

 선생님 우리는 여간해서는 모집단의 데이터를 얻을 수 없습니다. 그렇기 때문에 고민하게 되고, 고민하기 때문에 통계학의 힘을 빌리려는 것입니다.

그래서 통계학에서는 '정규 분포를 따른다고 간주한다'는 전제 하에 여러 가지 분석기법을 고안합니다.

나 아무리 생각해도 절대로 정규 분포를 따르지 않을 것 같으면 어떻게 하나요?

 선생님 음, 대답하기 힘든 어려운 질문이군요. 그에 적합한 분석기법으로 처리하게 되겠죠.

 특별한 정규 분포 '표준 정규 분포'

 선생님 정규 분포 중에서도 **평균이 0이고 표준편차가 1인 정규 분포**를 특별히 '**표준 정규 분포**'라고 합니다.

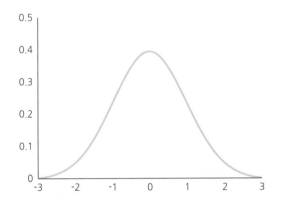

 나 흠. 결국은 같은 정규 분포일 뿐인데, 왜 이것만 특별 취급하죠?

 선생님 아주 훌륭한 질문이에요. 드디어 기준화가 등장할 사례가 왔군요.

 나 기준화는 그때 뭐랬더라, 표준화라고도 부르고 음….

선생님 어이고, 잊어버렸나요? 이거에요.

> · 만점이 몇 점의 변수이든 상관없이 기준화하면 그 기준값의 평균은 0이고 표준편차는 1.
>
> · 어떤 단위의 변수도 기준화하면 그 기준값의 평균은 0이고 표준편차는 1.

 나 아, 그랬었죠.

 선생님 기준화로 인해 보통의 정규 분포를 표준 정규 분포로 변환할 수 있는 것입니다.

예를 들면 '아이치현의 "모든" 중학교 3학년 학생 수학 시험 결과' 는 평균이 53이고 표준편차가 10인 정규 분포를 따른다고 합시다.

	수학 시험 결과
학생 1	78
학생 2	54
⋮	⋮
학생 67146	47
평균	53
표준편차	10

평균이 53이고 표준편차가 10인 정규 분포

$$f(x) = \frac{1}{\sqrt{2\pi} \times 10} \exp\left\{-\frac{1}{2}\left(\frac{x-53}{10}\right)^2\right\}$$

'수학 시험 결과'를 기준화하면 이렇게 됩니다.

	수학 시험 결과		'수학 시험 결과' 의 기준값
학생 1	78	→	$\frac{78 - 53}{10} =$ 2.5
학생 2	54	→	$\frac{54 - 53}{10} =$ 0.1
⋮	⋮	⋮	⋮
67146	47	→	$\frac{47 - 53}{10} =$ - 0.6
평균	53	→	0
표준편차	10	→	1

 선생님 그렇다는 것은 '수학 시험 결과'의 기준값은 평균이 0이고 표준편차가 1인 정규 분포에 즉 표준 정규 분포를 따릅니다.

	'수학 시험 결과' 의 기준값
학생 1	$\frac{78 - 53}{10} =$ 2.5
학생 2	$\frac{54 - 53}{10} =$ 0.1
⋮	⋮
학생 67146	$\frac{47 - 53}{10} =$ - 0.6
평균	0
표준편차	1

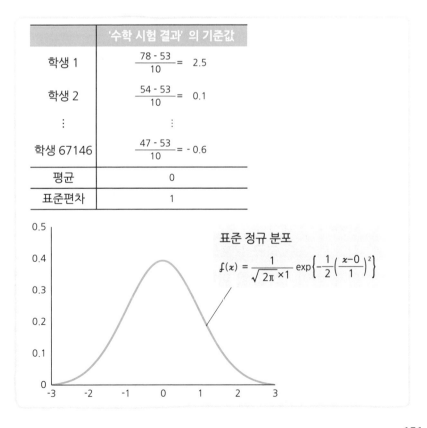

표준 정규 분포

$$f(x) = \frac{1}{\sqrt{2\pi} \times 1} \exp\left\{-\frac{1}{2}\left(\frac{x-0}{1}\right)^2\right\}$$

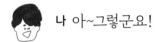 **나** 아~그렇군요!

표준 정규 분포의 특징을 파악하자!

 선생님 자, 표준 정규 분포의 중요한 특징들을 소개하겠습니다. 아래 그림의 검은색 부분 면적은 0.95입니다.

내일 수업과 관련이 있으니 꼭 기억하세요.

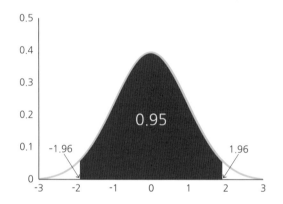

 나 표준 정규 분포의 그래프와 가로축의 사이에 끼어 있고, 게다가 '마이너스 1.96 이하인 부분'과 '플러스 1.96 이상인 부분'을 제외한 부분의 면적이군요.

 선생님 그렇습니다.

참고로 표준 정규 분포의 그래프와 가로축 사이에 끼어 있고, 게다가 '마이너스 2.58 이하인 부분'과 '플러스 2.58 이상인 부분'을 제외한 부분의 면적은 0.99입니다.

 나 호오.

그런데 아까부터 신경이 쓰이는 점이 있는데요, 표준 정규 분포는 가로축이 마이너스 3부터 플러스 3까지 밖에 없나요?

 선생님 아니요. 편의상 그렇게 그린 것뿐이고 사실은 마이너스 무한대부터 플러스 무한대까지 존재합니다.

➭ 면적=비율=확률

 선생님 마지막으로 정규 분포를 비롯한 확률 밀도 함수 전반이랄까, 통계학 전반에 걸쳐 매우 중요한 사고방식을 설명하겠습니다.

 나 그게 뭘까요?

 선생님 확률 밀도 함수 그래프와 가로축 사이에 낀 부분의 면적은 1이라는 이야기는 이미 했죠.

 나 네, 확실히 기억하고 있습니다!

 선생님 사실 확률 밀도 함수 그래프와 가로축 사이에 낀 부분의 면적은 비율과 동일시 할 수 있고 확률과도 동일시할 수 있습니다.

 나 네, 그게 무슨 말씀이신가요?

 선생님 예를 들어봅시다. 사가현의 "모든" 중학교 2학년 학생 국어 시험을 보았는데, 평균이 45이고 표준편차가 10인 정규 분포를 따른다는 것을 알았다고 합시다.

나 네.

 선생님 다음 그림은 평균 45이고 표준편차가 10인 정규 분포 그래프입니다. 이 그래프의 검은색 부분, 즉 오른쪽 절반 부분의 면적이 0.5라는 것은 이해하지요?

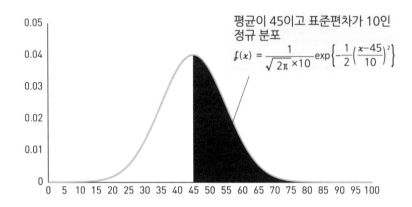

평균이 45이고 표준편차가 10인 정규 분포

$$f(x) = \frac{1}{\sqrt{2\pi} \times 10} \exp\left\{ -\frac{1}{2}\left(\frac{x-45}{10}\right)^2 \right\}$$

 나 네. 알고 있습니다. 정규 분포는 좌우대칭이니까 1의 반이라는 거죠.

 선생님 그렇죠. 오른쪽 절반 부분의 면적이 0.5라는 것은 '점수가 45점 이상이었던 응시자 비율이 전체 응시자의 0.5를 차지한다'는 뜻입니다.

 나 그렇군요.

 선생님 즉 '모든 응시자 중에서 무작위로 1명을 추출했다면 그 수험자의 점수가 45점 이상일 확률은 0.5다'라고도 말할 수 있습니다.

 나 과연! 듣고 보니 확실히 그렇군요.

선생님 이것이 면직과 비율과 확률을 동일시할 수 있다는 말의 뜻입니다.

'면적'이라는 말이 나오면 앞으로는 '비율'과 '확률'이라는 말로 머릿속에서 변환해 주세요.

 나 머릿속에서 변환…. 금방은 어려울 것 같아요 (쓴웃음).

 선생님 조금씩 익숙해지면 됩니다!

➡ 확률 밀도 함수의 엄격한 정의

 선생님 오늘 수업은 이것으로 끝입니다.

 나 뭔가 이번에는 길게 느껴졌네요~ 하지만 본격적인 통계학에 한 걸음 다가선 것 같아서 설렜습니다

이제 통계학에 관해 뭘 좀 아는 듯한 느낌!?

 선생님 가즈키 씨, 실은….

 나 네?

 선생님 지금까지는 확률 밀도 함수를 알기 쉽게 설명하는 데 초점을 맞춰왔기 때문에 엄밀히 말하면 부족한 점이 있습니다.

 나 그런가요!? 앞부분은 그렇지도 않았지만, 뒷부분은 저에게는 충분하고도 남을 정도로 수학적이었는데요.

선생님 모처럼의 기회니까 지금부터 확률 밀도 함수에 관해 좀더 확실하게 알아보겠습니다. 관심이 없는 사람은 읽지 않고 건너 뛰어도 됩니다. 내일 수업 시간에 봅시다.

 나 솔직히 괴롭습니다만 일단 들어보겠습니다……!

 선생님 그럼 시작하겠습니다. 다음 세 가지 조건을 만족시키는 $f(x)$가 바로 'x의 확률 밀도함수'입니다.

첫 번째. '$f(x)$의 그래프가 위치하는 곳은 아무리 구불구불한 형상 이어도 가로축과 같거나 그보다 위이다'라는 것입니다.
수학적으로 표현하면 이렇습니다. '≥'는 '≧'와 같은 의미이며 대학에서는 보통 전자를 사용합니다.

$$f(x) \geq 0$$

 나 0 이상…. 아, 그렇구나. 히스토그램 계급폭을 좁히는 경우를 떠올리면 마이너스란 있을 수 없네요.

 선생님 그런 거죠

두 번째 조건은 '$f(x)$의 그래프와 가로축 사이에 낀 부분의 면적은 1이다'라는 것입니다.
수학적으로 표현하면 이렇습니다.

$$\int_{-\infty}^{\infty} f(x)dx = 1$$

나 이 기호는 무슨 뜻인가요?

 선생님 이건 '**정적분(definite integral)**'이라고 하는데, 이과계 학생은 고등학교에서 배웁니다. 읽는 방법은 '마이너스 무한대부터 무한대까지의 $f(x)$의 정적분'입니다.

3번째 조건은 '**x가 a 이상 b 이하일 확률은 a로부터 b까지의 $f(x)$의 정적분과 같다**'라는 점입니다.
수학적으로 표현하면 이렇게 됩니다.

$$P(a \leq x \leq b) = \int_a^b f(x)dx$$

 나 $P\,(a \leq x \leq b)$라는 기호가 'x가 a 이상 b 이하일 확률'이라는 뜻인가요?

 선생님 그렇죠. 식의 오른쪽 변은 'a에서 b까지의 $f(x)$의 정적분'입니다.

 나 아, 이 식의 좌우를 보면 확률과 면적은 동일시할 수 있다는 말을 알 것 같아요.

 선생님 이상이 세 가지 조건의 설명이었습니다.

 나 생각보다는 어렵지 않네요.

 선생님 그거 다행이군요.

선생님 마지막으로 확률에 대해 보충 설명을 좀 하겠습니다. 직경 5밀리미터인 나사를 제조하는 기계가 있다고 칩니다. 의외일 수도 있지만, 차분히 생각해보면 딱 5밀리미터인 나사를 만드는 것은 불가능하다는 걸 알 수 있습니다.

 나 네? 그렇진 않겠죠.

 선생님 아니요. 물론 거의 5밀리미터인 것은 만들겠죠. 하지만 5.003…나 4.998… 이런 식이지 정확하게 5가 될 수는 없습니다.

 나 듣고 보니 그러네요.

 선생님 그러니까 실제로 제조하는 나사의 직경을 x라고 하면 $P(x=5)=0$입니다.

 나 x가 정확하게 5밀리미터일 확률은 0이라는 말씀이군요.

 선생님 다시 말해 확률을 요구할 필요가 있는 경우에는 $P(4.99 \leq x \leq 5.01)$처럼 폭을 갖게 하는 거죠.

 나 호오~.

읽을 수 있어? 그리스문자

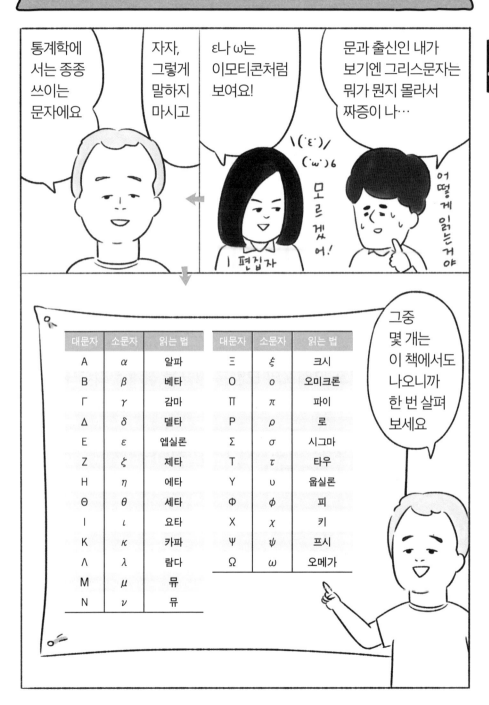

➡ '확률 밀도 함수'는 히스토그램 계급폭을 좁혀나가 최종적으로 도달하는 곡선의 식이다.

➡ 확률 밀도 함수 그래프와 가로축 사이에 낀 부분의 면적은 1이다.

➡ 확률 밀도 함수의 그래프와 가로축 사이에 낀 부분의 면적은 비율 또는 확률과 동일시할 수 있다.

➡ 학술적으로 중시되는 확률 밀도 함수의 종류로는 't분포' 'F분포' '정규 분포' 등이 있다.

➡ 정규 분포 그래프의 모양은 평균을 경계로 좌우대칭을 이루며 평균과 표준편차의 영향을 받는다.

➡ 평균이 0이고 표준편차가 1인 정규 분포를 '표준 정규 분포'라고 한다.

6
일째

실전!
모집단의 비율을
추정해보자

LESSON

1교시

표본 데이터에서 모집단의 비율을 추정하자!

드디어 오늘부터 데이터 분석에 도전! 지금까지의 수업 내용을 총동원해서 표본의 데이터로부터 모집단의 비율 추정 방법을 상세하게 설명합니다.

⇨ 표본 데이터를 통해 모집단의 상황을 알아보자

 선생님 오늘과 내일은 데이터 분석에 도전하겠습니다. 오늘은 모집단의 비율을 추정합니다.

 나 드디어군요…!

 선생님 미리 말해 두면 이번과 다음번에는 수식이 툭툭 튀어나올 겁니다. 기죽지 말고 따라오세요. 막히면 바로 알려줘요.

 나 알겠습니다!

 선생님 오늘의 주제인 **모집단의 비율 추정**이란 말 그대로 '**표본 데이터에서 모집단의 비율을 추정하는 방법**'이에요.

 나 네.

선생님 예를 들어 한 신문사가 일본의 모든 유권자로부터 무작위로 추출한 1,600명을 대상으로 현 정부 지지 여부를 물었다고 합시다.

'지지한다'라고 대답한 사람은 644명이었습니다. 비율로 말하자면 0.4025이죠. 또한 2진 데이터이므로 분산도 계산했습니다.

	현 정부를 지지하십니까 ?
응답자	0
⋮	⋮
응답자 1600	1
비율 (평균)	$\dfrac{644}{1600}=\dfrac{\overbrace{1+\cdots+1}^{644}+\overbrace{0+\cdots+0}^{956}}{1600}=0.4025$
분산	$\dfrac{\overbrace{(1-0.4025)^2+\cdots+(1-0.4025)^2}^{644}+\overbrace{(0-0.4025)^2+\cdots+(0-0.4025)^2}^{956}}{1600}$ $=0.4025(1-0.4025)$
표준편차	$\sqrt{0.4025(1-0.4025)}$

 선생님 무작위로 추출한 표본에서의 조사 결과가 40.25%이니까 모집단의 정부 지지율도 40.25% 정도일 거라고 추론하는 게 자연스럽네요.

 나 네.

 선생님 모집단의 정부 지지율의 정확한 값은 유감스럽게도 통계학을 활용해도 알 수 없습니다.

그 대신 '<▲이상 ◆이하>라는 범위에는 틀림없이 들어가 있을 것이다'라고 추론할 수는 있습니다.

163

나 그런 계산식이 있나요?

 선생님 있습니다. '▲이상 ◆이하'라는 범위를 추정하는 행위를 **구간 추정**'이라고 하고 추정된 범위를 '**신뢰 구간**'이라고 합니다.
'틀림없을 것이다'라고 생각하는 정도를 '**신뢰율**'이라고 합니다.

 나 '신뢰 구간'이라는 것은 앞의 정부 지지율을 예시로 들 때 몇 개 이상 몇 개 이하인가요?

 선생님 설명해드릴게요.
모집단의 정부 지지율을 이제부터는 그리스문자인 'μ(뮤)'로 표시하겠습니다. 신뢰율이 95%인 경우 μ의 신뢰 구간은 다음과 같습니다.

$$0.4025 - 1.96 \times \frac{\sqrt{0.4025(1-0.4025)}}{\sqrt{1600}} \leq \mu \leq 0.4025 + 1.96 \times \frac{\sqrt{0.4025(1-0.4025)}}{\sqrt{1600}}$$

 선생님 언뜻 보면 어려워 보일 수도 있지만 잘 보면 식에 나오는 숫자는 '**표본의 비율**' (0.4025)과 '**표본의 인원수**' (1600)와 신뢰율인 95%와 연동하고 있는 '**1.96**'이 전부입니다. '1.96'은 표준 정규 분포를 설명할 때 나온 수치(→152쪽)입니다!

 나 오오, 앞에서 배운 지식이 이어지는 거군요!

 선생님 이 식을 구체적으로 계산하면 μ는 약 0.3785 이상 약 0.4265 이하입니다.

$$0.3785 \leq \mu \leq 0.4265$$

 선생님 결론적으로 'μ의 구체적인 값은 결국 알 수 없지만, 37.85% 이상 42.65% 이하라는 범위에 들어가는 것은 틀림없을 것이다'라는 것입니다.

 나 그렇다면 표본의 정부 지지율이 40.25%니까 μ의 값도 그 정도라고 생각했다면 사실은 38.6%이나 42.3%일 가능성도 있는 거네요.

 선생님 맞아요.

⇨ 신뢰 구간의 공식을 도출하다

 선생님 자, 그러면 신뢰 구간의 공식은 어디에서 나왔는지 설명하겠습니다.

 나 네.

 선생님 지금부터 실험을 하겠습니다. 실험하기에 앞서 일본의 모든 유권자는 5만 명이고 그중 38%인 19,000명이 정부를 지지한나고 가정합니나.

	현 정부를 지지하십니까?
응답자 1	0
⋮	⋮
응답자 50000	0
비율(평균) μ	$$\frac{19000}{50000}=\frac{\overbrace{1+\cdots+1}^{19000}+\overbrace{0+\cdots+0}^{31000}}{50000}=0.38$$
분산σ^2	$$\frac{\overbrace{(1-0.38)^2+\cdots+(1-0.38)^2}^{19000}+\overbrace{(0-0.38)^2+\cdots+(0-0.38)^2}^{31000}}{50000}$$ $$=0.38(1-0.38)$$
표준편차σ	$$\sqrt{0.38(1-0.38)}=0.4854$$

 나 네.

 선생님 실험 내용은 다음과 같습니다.

① 모집단인 '일본의 모든 유권자'에서 무작위로 1,600명을 추출한다.

② ①의 1,600명의 정부 지지율인 $\bar{x}$을 조사한다.

③ 추출한 1,600명을 모집단으로 되돌린다.

④ ①부터 ③까지를 10,000회 반복한다.

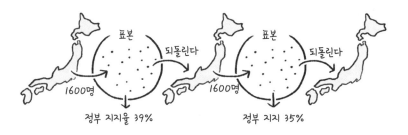

나 1만 번이나!

 선생님 실험 결과를 정리한 것이 아래 표입니다. 1만 번의 각 정부 지지율이 기재되어 있습니다.

예를 들어 102번째에 추출한 1,600명의 정부 지지율은 0.415입니다. 그리고 1만 번의 평균은 0.3798로 μ의 값인 0.38과 비슷합니다. 여기까지 이해가 가나요?

	추출된 1600 명의 정부 지지율 $\bar{x}$
첫 번째	0.3869
⋮	⋮
102 번째	0.415
⋮	⋮
10000 번째	0.3694
평균	$0.3798 \approx 0.38 = \mu$
표준편차	$0.0118 \approx 0.0121 = \dfrac{0.4854}{\sqrt{1600}} = \dfrac{\sigma}{\sqrt{n}}$

 나 괜찮아요. 그것보다 표에 있는 '$\approx$'라는 기호는 뭔가요?

 선생님 '비슷하다'는 뜻의 기호에요. '완전히 동일하진 않으므로 등호(=)가 구부러져 있다'고 해석하면 쉽게 기억할 수 있을 겁니다.

 나 그렇군요.

 선생님 다시 표를 보세요. 1만 회의 표준편차는 0.0118이고 $\dfrac{\sigma}{\sqrt{n}}$의 값인 0.0121과 비슷합니다. σ는 모집단의 표준편차이고 n은 표본의 인원수입니다.

 나 그러고 보면 비슷하네요.

 선생님 1만 번 결과의 히스토그램을 보세요. 세로축은 $\dfrac{\text{상대도수}}{\text{계급폭}}$입니다.

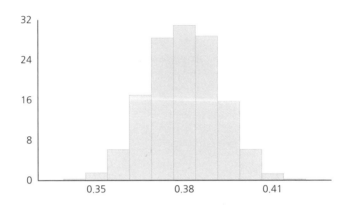

 나 앗, 정규 분포 모양 같은데요?

 선생님 그렇습니다, 얘기를 정리할게요.
모집단에서 무작위로 표본을 추출했다 되돌리는 행위를 끝없이 반복하면 그 히스토그램의 계급폭을 좁힌 최종 모습은 정규 분포 그래프로 간주할 수 있습니다.
그 평균은 모집단의 비율(평균)인 μ와 비슷합니다.
표준편차는 모집단의 표준편차를 표본 인원수의 루트로 나눈 $\dfrac{\sigma}{\sqrt{n}}$와 비슷합니다. 이해되나요?

 나 네, 알겠습니다.

선생님 이야기를 계속하겠습니다. 이거 추출된 1,600명의 정부 지지율인 $\bar{x}$를 기준화한 결과입니다.

	추출된 1600 명의 정부 지지율 $\bar{x}$	$\bar{x}$ 의 기준값 $\dfrac{\bar{x}-\mu}{\frac{\sigma}{\sqrt{n}}} = \dfrac{\bar{x}-0.38}{\frac{0.4854}{\sqrt{1600}}}$
1 회 째	0.3869	$\dfrac{0.3869-0.38}{\frac{0.4854}{\sqrt{1600}}} = 0.5666$
⋮	⋮	⋮
102 회 째	0.415	$\dfrac{0.415-0.38}{\frac{0.4854}{\sqrt{1600}}} = 2.8843$
⋮	⋮	⋮
10000 회 째	0.3694	$\dfrac{0.3694-0.38}{\frac{0.4854}{\sqrt{1600}}} = -0.8756$
평균	$0.3798 \approx 0.38 = \mu$	$-0.0137 \approx 0$
표준편차	$0.0118 \approx 0.0121 = \dfrac{0.4854}{\sqrt{1600}} = \dfrac{\sigma}{\sqrt{n}}$	$0.9698 \approx 1$

그리고 $\bar{x}$의 기준값의 세로축이 $\dfrac{\text{상대도수}}{\text{계급폭}}$인 히스토그램이 이것입니다.

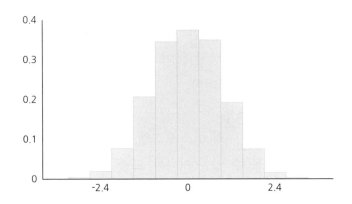

나 $\bar{x}$을 정규 분포라고 볼 수 있으니까 $\bar{x}$의 기준값도 정규 분포라고 간주하는 거군요.

 선생님 아깝다! 정확히는 표준 정규 분포라고 볼 수 있는 거죠.

 나 아, 그랬죠! 평균이 0이고 표준편차가 1인 건 표준 정규 분포라고 하셨죠?

 선생님 그건 그렇고, 가즈키 씨에게 질문을 하나 하겠습니다. $\bar{x}$ 기준값인 $\dfrac{\bar{x}-\mu}{\frac{\sigma}{\sqrt{n}}}$ 가 표준 정규 분포를 따른다고 간주할 수 있다면 아까 1만 번 중 다음 식이 성립한 비율은 무엇일까요?

$$-1.96 \leq \frac{\bar{x}-\mu}{\frac{\sigma}{\sqrt{n}}} \leq 1.96$$

 나 네? 네? 네? (당황함)

 선생님 수식에 당황하지 않아도 됩니다.
앞의 1만 번 중 $\dfrac{\bar{x}-\mu}{\frac{\sigma}{\sqrt{n}}}$ 을 구체적으로 계산한 값이, 즉 $\dfrac{\bar{x}-0.38}{\frac{0.4854}{\sqrt{1600}}}$ 를 구체적으로 계산한 값이 −1.96에서 1.96까지의 범위에 들어간 비율을 묻고 있습니다.

 나 음, $\dfrac{\bar{x}-0.38}{\frac{0.4854}{\sqrt{1600}}}$ 의 히스토그램 계급폭을 좁히면 표준 정규 분포 그래프로 볼 수 있는 거니까, 표준 정규 분포인 −1.96에서 1.96까지의 면적은 0.95였으니까, '0.95$\left(= \dfrac{9500\text{회}}{10000\text{회}} \right)$'인가요?

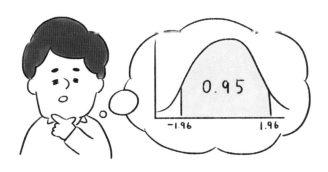

 선생님 아깝네요! 정답은 '약 0.95'입니다.

 나 너무하시네요. '약'이 있든 없든 괜찮지 않나요. (쳇)

 선생님 아니요. '약'이 붙는지 아닌지는 그냥 지나칠 수 없습니다. 상식적으로 생각했을 때 반복횟수가 1만 번이든 1억 번이든 기적이 일어나지 않는 한 딱 '0.95(= $\frac{9500회}{10000회}$ = $\frac{95000000회}{100000000회}$)'가 될 수는 없죠?

 나 그렇게 말씀하시면 그렇네요.

 선생님 1만 회 중 앞의 식이 성립한 비율이 실제로 몇 개였는지 표로 정리했습니다.

	추출된 1600 명의 정부 지지율 $\bar{x}$	$\bar{x}$ 의 기준값 $$\frac{\bar{x}-\mu}{\frac{\sigma}{\sqrt{n}}} = \frac{\bar{x}-0.38}{\frac{0.4854}{\sqrt{1600}}}$$	아래 식의 관계가 성립 ? (성립 =1, 불성립 =0) $$-1.96 \le \frac{\bar{x}-0.38}{\frac{0.4854}{\sqrt{1600}}} \le 1.96$$
1 회 째	0.3869	$\frac{0.3869-0.38}{\frac{0.4854}{\sqrt{1600}}} = 0.5666$	1
⋮	⋮	⋮	⋮
102 회 째	0.415	$\frac{0.415-0.38}{\frac{0.4854}{\sqrt{1600}}} = 2.8843$	0
⋮	⋮	⋮	⋮
10000 회 째	0.3694	$\frac{0.3694-0.38}{\frac{0.4854}{\sqrt{1600}}} = -0.8756$	1
평균	$\begin{aligned}0.3798 &\approx 0.38 \\ &= \mu\end{aligned}$	$-0.0137 \approx 0$	$\dfrac{\overbrace{1+\cdots+1}^{9622}+\overbrace{0+\cdots+0}^{378}}{10000}$ $= \dfrac{9622}{10000}$ $= 0.9622$ ≈ 0.95
표준편차	$\begin{aligned}0.0118 &\approx 0.0121 \\ &= \frac{0.4854}{\sqrt{1600}} \\ &= \frac{\sigma}{\sqrt{n}}\end{aligned}$	$0.9698 \approx 1$	

 나 0.9622니까 틀림없이 '약 0.95'로군요.

 선생님 자, 앞의 식을 모집단의 정부 지지율인 μ 가 주인공이 되도록 변형해보겠습니다.

$$-1.96 \le \frac{\overline{x} - \mu}{\frac{\sigma}{\sqrt{n}}} \le 1.96$$

$$-1.96 \times \frac{\sigma}{\sqrt{n}} \le \overline{x} - \mu \le 1.96 \times \frac{\sigma}{\sqrt{n}}$$

$$-1.96 \times \frac{\sigma}{\sqrt{n}} \le \overline{x} - \mu \quad 그리고 \quad \overline{x} - \mu \le 1.96 \times \frac{\sigma}{\sqrt{n}}$$

$$\mu \le \overline{x} + 1.96 \times \frac{\sigma}{\sqrt{n}} \quad 그리고 \quad \overline{x} - 1.96 \times \frac{\sigma}{\sqrt{n}} \le \mu$$

$$\overline{x} - 1.96 \times \frac{\sigma}{\sqrt{n}} \le \mu \le \overline{x} + 1.96 \times \frac{\sigma}{\sqrt{n}}$$

 선생님 지금까지 한 이야기를 정리하면 이렇게 됩니다.

'모집단에서 무작위로 표본을 추출한 뒤 되돌리는 행위를 무한대로 반복한다. 그중 다음과 같은 관계가 성립하는 비율은 0.95라고 간주한다.'

$$\overline{x} - 1.96 \times \frac{\sigma}{\sqrt{n}} \le \mu \le \overline{x} + 1.96 \times \frac{\sigma}{\sqrt{n}}$$

비율 0.95라는 숫자는 '신뢰율 95%'라는 뜻입니다.

 나 헷

 선생님 그리고 $\overline{x}$은 표본의 비율이며 n은 표본의 인원수인 한편으로, σ은 모집단의 표준편차입니다.

지금 실험에서는 σ 값이 미리 판명되었지만 보통은 σ 값을 알 수가 없지요.

나 그거야 그렇죠.

선생님 그래서 통계학에서는 좋게 말하면 유연하게 나쁘게 말하면 약간 잔머리를 써서 이렇게 해석합니다.

'모집단에서 무작위로 표본이 추출되었으니 모집단의 표준편차인 σ와 표본의 표준편차인 $\sqrt{\bar{x}(1-\bar{x})}$ 는 큰 차이가 없을 거야' 이렇게 말입니다.

나 혹시 대용(代用)하는 건가요?

선생님 네. 대용한 결과가 바로 이겁니다. 아래 박스 안의 마지막 줄에 나오는 것이 대망의 신뢰 구간을 구하는 공식입니다.

> 모집단에서 무작위로 표본을 추출하는 행위를 끝없이 반복한다. 그러면서 다음과 같은 관계가 성립하는 비율은 0.95로 볼 수 있다.
>
> $$\bar{x} - 1.96 \times \frac{\sqrt{\bar{x}(1-\bar{x})}}{\sqrt{n}} \leq \mu \leq \bar{x} + 1.96 \times \frac{\sqrt{\bar{x}(1-\bar{x})}}{\sqrt{n}}$$

⮑ 단 1번의 소사로 신뢰 구간을 믿어도 될까?

 나 아까 실험에서는 추출을 1만 번이나 했지만 실제로 주요 미디어가 어떤 조사를 할 때는 한 번만 하겠죠?
그 조사 결과를 대입한 신뢰 구간을 믿을 수 있을까요?

 선생님 가즈키 씨의 '믿을 수 있는가?'라는 질문은 신뢰 구간에 μ가 정말로 들어가 있느냐는 의미지요?

 나 맞아요.

 선생님 들어가 있는지는 모집단의 데이터를 입수하지 않는 한 아무도 알 수 없습니다.
그렇다고 해도 조금 전의 실험에서 알 수 있듯이 다음 식이 성립 '하지 않는' 비율은 약 0.05에 지나지 않습니다.

$$-1.96 \times \le \frac{\bar{x} - \mu}{\frac{\sigma}{\sqrt{n}}} \le 1.96$$

그렇다면 1회만의 조사 결과를 대입한 신뢰 구간에 μ는 틀림없이 들어가 있다고 추론하는 것이 자연스럽지 않을까요.

 나 그렇군요.

175

⇨ 표본의 인원수, 신뢰 구간, 신뢰율의 관계

 나 표본의 인원수는 몇 명 정도가 타당한가요? 개인적으로는 20명 정도면 좀 적고 1,000명 정도면 그럭저럭 믿을만하지 않을까요.

 선생님 아주 좋은 질문이에요. 통계학적인 규정은 없습니다.

 나 없나요, 의외로군요!

 선생님 하지만 신뢰 구간의 공식을 보면 알 수 있듯이 표본의 인원이 많을수록 신뢰 구간은 좁아집니다.

 나 그렇네요.

 선생님 바꿔 말하면 표본의 인원수가 극단적으로 적으면 신뢰 구간이 쓸데없이 넓어집니다.
넓어진다고 하는 것은 '모집단의 정부 지지율인 μ 값은 <0 이상 1 이하>라는 범위에 존재한다, 이것은 틀림없을 것이다'라는 쓸모없는 결과가 도출된다는 것이죠.

 나 신뢰율은 항상 95%인가요? 45%이거나 83% 같은 경우는 없나요?

 선생님 훌륭한 질문이에요. **신뢰율은 신뢰 구간을 구한 뒤에 '판명되는 것'이 아니라 신뢰 구간을 구하기 전에 '분석자가 지정해야 하는 것'**입니다.

나 그러면 분석자의 판단으로 75%라거나 90%이라는 식으로 설정해도 되나요?

 선생님 됩니다. 하지만 **일반적으로는 95%, 드물게는 99%입니다.** 그게 일종의 관습이거든요.
99%를 채택하고 싶다면 95%의 경우에 나오는 '1.96'을 '2.58'로 치환해 주세요. 99와 2.58은 표준 정규 분포의 특징을 설명하면서(→152쪽) 나온 수치입니다.

 나 2.58로 바꾸면 신뢰 구간의 폭이 넓어지네요.

 선생님 그렇죠. '틀림없을 것'이라고 생각하는 정도인 신뢰율을 높이는 것은 그만큼 신뢰 구간의 폭을 넓힌다는 의미입니다.

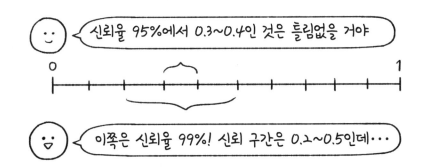

 나 그 부분의 균형을 생각한 결과 신뢰율은 95%가 무난하다고 보는 관습이 생겼다는 거군요.

 선생님 아마도 그렇겠죠?

⇨ 왜 주요 언론은 '신뢰 구간'을 보도하지 않을까?

 선생님 이상으로 모집단의 비율 추정에 대한 설명을 마치겠습니다. 어땠나요?

 나 잘 알았습니다. 문과 출신인 저도 이해할 수 있을 정도인데, 왜 주요 언론의 조사에서는 신뢰 구간을 표기하지 않을까요?

 선생님 왜 그럴까요? 어쩌면 무작위 추출이 안 되었기 때문일 수도 있습니다.

 나 무작위 추출이 안 되어 있다고요!?

 선생님 예를 들어 정부 지지율의 조사 방법은 지금은 대부분이 전화를 이용한 조사입니다. 참고로 그 방법을 'RDD 조사'라고 합니다. RDD는 'Random Digit Dialing'의 약어입니다.

 나 와~ 구체적으로 어떻게 하는 건가요?

 선생님 컴퓨터로 전화번호를 무작위로 알아낸 다음 전화를 겁니다.

 나 랜덤이면 무작위잖아요

 선생님 모든 유권자가 전화를 갖고 있는 건 아니지요. 그리고 자신의 스마트폰과는 별도로 회사에서 업무용 폰을 받은 사람도 있을 테고요.

 나 그건 그렇네요…….

 선생님 RDD 조사의 모집단은 요컨대 '일본에서 사용되고 있는 모든 전화번호'이지, 진짜 조사 상대인 '일본의 모든 유권자'는 아닙니다.

게다가 전화를 받지 않는 사람이나 받아도 답변을 거부하는 사람에 대해 업체가 집계 시 어떻게 다루고 있는지, 그 점도 의문스럽지요.

 나 맞아요.

 선생님 그래서 신뢰 구간을 보도하지 않는 아니 신뢰 구간을 계산하려야 할 수 없는 이유가 아닐까요.

 나 단순한 이야기가 아니군요.

 선생님 그렇지요.

 나 그런데 RDD 조사는 스마트폰이나 집 전화로 갑자기 걸려오는 건가요?

선생님 네, 그렇습니다.

 나 저는 모르는 전화번호로 전화가 걸려오면 받지 않는데요.

 선생님 무슨 말인지 알겠어요. 하지만 다소 오래전 자료이지만 2015년 3월, NHK와 신문사 등의 휴대 RDD 연구회(일본여론조사협회회장유지)의 <휴대전화 RDD실험조사 결과 정리>에 따르면 의외로 모르는 전화도 잘 받아주고 협조했다고 하네요.

 나 세상에는 다양한 사람들이 있군요.

➡️ 통계학에서는 '모집단의 비율인 μ 값이 <▲이상◆이하>인 범위에 들어가면 <틀림없을 것이다>'라고 추론할 수 있다.

➡️ '▲ 이상 ◆ 이하'라는 범위를 추정하는 행위를 '구간 추정'이라고 하며 추정된 범위를 '신뢰 구간'이라고 한다. 또 '틀림없을 것이다'라고 생각할 수 있는 정도를 '신뢰율'이라고 한다.

➡️ 신뢰율은 신뢰 구간을 구한 뒤에 '판명되는 것'이 아니라 신뢰 구간을 구하기 전에 '분석자가 지정해야 하는 것'이다. 일반적으로 신뢰율은 95%이며 드물게 99%로 설정하기도 한다.

➡️ 2진 데이터로 이루어진 모집단이 있고, 거기서 무작위로 표본을 추출했다 되돌리는 행위를 끝없이 반복하면 그 히스토그램의 계급의 폭을 좁힌 최종 모습은 정규 분포 그래프를 그린다. 그 평균은 모집단의 비율(평균)과 비슷하다. 표준편차는 모집단의 표준편차를 표본의 인원수로 나눈 $\frac{\sigma}{\sqrt{n}}$ 것과 비슷하다.

Takahashi
CLASS

7
일째

실전!
중회귀 분석을
해보자

회귀 분석을 마스터하자!

주요 분석기법인 '중회귀 분석'을 배우기 전에 '회귀 분석'을 살펴봅시다.
엑셀을 이용해 궁금한 값을 예측할 수 있습니다.

⇨ 회귀 분석이 무엇일까?

나 드디어 수업 마지막 날이네요…. 선생님, 오늘은 중회귀 분석을 배울 수 있는 거죠?

선생님 그렇죠. 중회귀 분석은 어제 설명한 '모집단의 비율 추정'과 함께 주류를 이루는 분석기법입니다.

나 모집단의 비율 추정은 그렇게 어렵게 느껴지진 않았어요.

선생님 실력이 늘었군요! 가즈키 씨 (눈물). 그렇다면 중회귀 분석도 괜찮을 겁니다.
오늘 수업에서는 중회귀 분석의 분위기를 파악하는 것이 가장 큰 목표이니까 수학적으로 복잡한 부분은 가급적 건너뛰도록 하겠습니다.

나 감사합니다! (웃음)

선생님 이해하기 쉽도록 우선 '회귀 분석'부터 설명한 다음에 본론인 중회귀 분석을 이야기하겠습니다.

 나 회귀 분석과 중회귀 분석은 뭐가 다른가요?

 선생님 한마디로 말하자면 회귀 분석의 발전판이 중회귀 분석입니다. 다음은 그 차이점을 나타낸 그림입니다. 현시점에서는 전체적인 모양의 차이만 보고 세부 사항은 신경 쓰지 않아도 됩니다. 참고로 중회귀 분석(重回歸分析)의 '重'은 영어의 'multiple'이라는 뜻입니다.

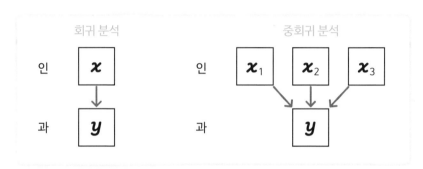

 나 회귀 분석은 '인(因)'이 하나이고 중회귀 분석은 '인'이 여러 개네요……. '중(重)'의 의미를 알 것 같아요.

 선생님 그러면 회귀 분석을 설명하겠습니다.

'회귀 분석'이 어떤 것인가 하면 '인(因)'과 '과(果)'에 해당한다고 생각되는 변수를 하나씩 준비하고 그 관계를 잘 파악한 '회귀식'이라는 y=ax+b를 구한 다음, 그것을 이용해서 y 값을 예측하기 위한 분석 방법입니다.

 나 ……무슨 말인지 모르겠어요.

선생님 알기 쉬운 예를 들어서 설명할 테니까 잘 따라와 주면 됩니다.

다음 데이터는 어느 커피점 주인이 매일 꾸준히 기록한 표입니다. 지난 2주간의 '최고 기온'과 '아이스커피 주문 수'를 적어놨죠. 예를 들어 22일은 최고 기온이 29도이고 357잔 팔렸습니다. 가장 더웠던 날은 24일이었고 그날은 420잔이 팔렸습니다.

	최고기온 (℃) x	아이스커피 주문 수 (잔) y
22 일 (월)	29	357
23 일 (화)	28	288
24 일 (수)	34	420
25 일 (목)	31	388
26 일 (금)	25	272
27 일 (토)	29	290
28 일 (일)	32	364
29 일 (월)	31	346
30 일 (화)	24	272
31 일 (수)	33	415
1 일 (목)	25	238
2 일 (금)	31	333
3 일 (토)	26	301
4 일 (일)	30	386
평균	$\bar{x} = 29.1$	$\bar{y} = 333.6$

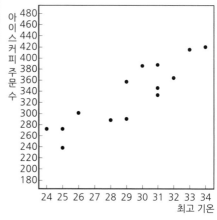

 나 그래프를 보니 점점 올라가네요.

 선생님 그렇죠. 가로축은 최고 기온이고 세로축은 아이스커피 주문 수입니다. 최고 기온이 높을수록 아이스커피가 잘 팔리는 경향이 있다고 볼 수 있죠. **'최고 기온과 아이스커피의 주문 수에는**

인과관계가 있다'고 판단하는 것이 자연스럽습니다.

  나 그렇네요.

  선생님 그때 회귀 분석을 합니다. 그러면 '**회귀식**'이라는 식이 도출됩니다.

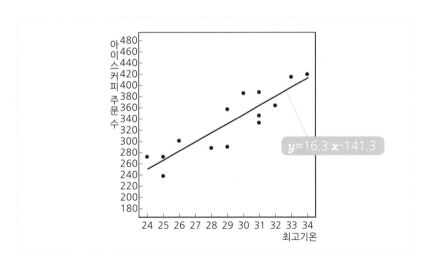

  나 우와!

  선생님 회귀식은 엑셀로도 도출할 수 있습니다. 직접 해볼까요? '데이터' 탭을 선택하고 '분석'에서 '데이터 분석'을 선택하세요.

나 그런 기능이 있나요? 제 엑셀은 최신 버전인데 '데이터 분석' 이 없어요.

 선생님 아, 이런! 처음 할 때는 보이지 않나 보군요.
그럼 이렇게 해 주세요. 먼저 '파일'을 선택하고 '옵션' – '추가기 능'을 선택합니다. 다음으로 '관리(A)'에서 'Excel 추가 기능'을 선택하고 '이동'을 클릭한 후 체크 박스의 '분석도구 팩'에 체크 를 하고 '확인'을 클릭합니다.

 나 ···아, 나왔다!

 선생님 그럼 다시 돌아가서 회귀 분석을 해봅시다.
'데이터' 탭을 선택하고 '분석'의 '데이터 분석'을 선택하면, '분 산 분석 : 일원 배치법'이라거나 '난수 발생' 등 다양한 선택사항 이 나올 거예요. 그중에서 '회귀 분석'을 선택하세요.

 나 선택했습니다.

 선생님 'Y축 입력 범위'에 '아이스커피 주문 수'의 데이터를 지정 합니다. 'X축 입력 범위'에는 '최고 기온'의 데이터를 지정합니다. '이름표' 체크 박스에 체크한 뒤 다른 것은 신경 쓰지 말고 '확인' 을 누릅니다.

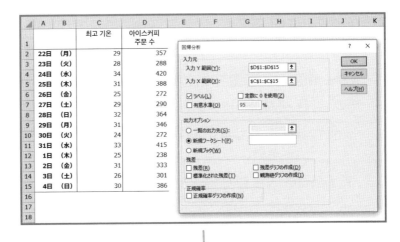

	A	B	C	D
1			최고 기온	아이스커피 주문 수
2	22日	(月)	29	357
3	23日	(火)	28	288
4	24日	(水)	34	420
5	25日	(木)	31	388
6	26日	(金)	25	272
7	27日	(土)	29	290
8	28日	(日)	32	364
9	29日	(月)	31	346
10	30日	(火)	24	272
11	31日	(水)	33	415
12	1日	(木)	25	238
13	2日	(金)	31	333
14	3日	(土)	26	301
15	4日	(日)	30	386
16				
17				
18				

回帰分析

入力元
入力 Y 範囲(Y): $D$1:$D$15
入力 X 範囲(X): $C$1:$C$15
☑ ラベル(L)　☐ 定数に 0 を使用(Z)
☐ 有意水準(O)　95　%

出力オプション
○ 一覧の出力先(S):
◉ 新規ワークシート(P):
○ 新規ブック(W)
残差
☐ 残差(R)　☐ 残差グラフの作成(D)
☐ 標準化された残差(T)　☐ 観測値グラフの作成(I)
正規確率
☐ 正規確率グラフの作成(N)

OK　キャンセル　ヘルプ(H)

↓

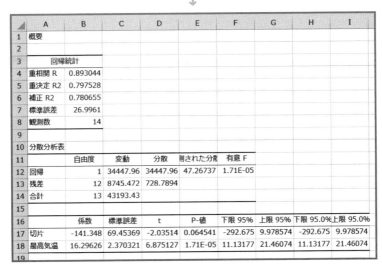

	A	B	C	D	E	F	G	H	I
1	概要								
2									
3		回帰統計							
4	重相関 R	0.893044							
5	重決定 R2	0.797528							
6	補正 R2	0.780655							
7	標準誤差	26.9961							
8	観測数	14							
9									
10	分散分析表								
11		自由度	変動	分散	測された分散	有意 F			
12	回帰	1	34447.96	34447.96	47.26737	1.71E-05			
13	残差	12	8745.472	728.7894					
14	合計	13	43193.43						
15									
16		係数	標準誤差	t	P-値	下限 95%	上限 95%	下限 95.0%	上限 95.0%
17	切片	-141.348	69.45369	-2.03514	0.064541	-292.675	9.978574	-292.675	9.978574
18	最高気温	16.29626	2.370321	6.875127	1.71E-05	11.13177	21.46074	11.13177	21.46074
19									

나 아, 이게 분석 결과인가요? 표가 3개나 생겼네요.
이렇게 간단하게 분석할 수 있다니! (감동)

선생님 3개의 표 중 가장 아래에 있는 표를 잘 보세요. 표의 위쪽인 '계수'란에 187쪽에 나온 회귀식의 a와 b 값이 기재되어 있습니다.

나 정말이네요!

 선생님 엑셀을 통해 결과를 보는 법이 오늘 수업의 주안점은 아니므로 다른 수치와 나머지 두 표를 설명하지는 않겠습니다. 지금은 세부 사항을 몰라도 곤란하지 않으니까 걱정하지 마세요.

자, 회귀식을 도출해서 좋은 점이 뭘까요? x에 여러 가지 값을 대입해서 주문 수 y를 예측할 수 있다는 점입니다.

예를 들어 일기예보에서 내일 최고 기온이 27도라면 가게 주인은 회귀식 x에 27을 대입하면 됩니다. 그러면 내일은 299잔 정도 팔리겠다고 예측할 수 있죠.

$$16.3 \times 27 - 141.3 \approx 299$$

 나 나왔다, 구불구불 기호!

 선생님 다시 한번 말씀드릴게요.
회귀 분석은 '인'과 '과'에 해당한다고 생각되는 변수를 하나씩 준비하고, 그 관계를 잘 해석한 '회귀식'이라는 $y=ax+b$를 구하고, 그것을 이용해서 y 값을 예측하기 위한 분석 방법입니다. 덧붙여서 '기울기'에 해당하는 a를 **회귀 계수**라고 합니다.

 나 회귀 분석이라는 거 생각보다 어렵지 않네요.

⇨ 회귀식을 구하려면 공식에 대입하기만 하면 된다!

 선생님 모처럼의 기회이니 계산하는 방법에 관해 좀더 설명할게요.

회귀식 a와 b를 구체적으로 어떻게 구하냐면 공식이 있어요. '인' 과 '과'의 데이터와 각각의 평균을 대입하기만 하면 됩니다.

$$a = \frac{S_{xy}}{S_{xx}} = \frac{(29-29.1)(357-333.6)+\cdots+(30-29.1)(386-333.6)}{(29-29.1)^2+\cdots+(30-29.1)^2} = 16.3$$

$$b = \overline{y} - \overline{x}a = 333.6 - 29.1 \times 16.3 = -141.3$$

 나 언뜻 보기에는 복잡하지만, 숫자만 대입하면 되니까 실제로는 그렇지 않을지도.

 선생님 a의 공식 분모인 S_{xx}는 x의 제곱합입니다. 분자의 S_{xy}는 x 와 y의 곱합입니다.

 나 제곱합과 곱합은 둘 다 데이터의 분위기를 파악하는 방법에 관한 수업에서 나왔죠?

 선생님 잘 기억하고 있군요. 훌륭해요!

 선생님 참고로 지금은 공식을 나타냈을 뿐 공식을 도출하는 과 정은 설명하지 않았습니다. 관심 있는 분들은 책 마지막 부분 (→232쪽)의 부록 부분을 참고하세요.

⇨ 회귀식은 어떻게 해석할까?

 선생님 회귀식을 해석하는 방법을 살펴봅시다.

$$y = 16.3x - 141.3$$

↑ 아이스커피의 주문 수

↑ 최고 기온

회귀 계수인 a 값은 16.3이네요. 이것은 최고 기온이 1도 올라가면 주문 수가 16.3잔 증가한다는 뜻입니다.

 나 그렇군요. 그럼 b값은 어떻게 생각하면 되나요?
-141.3이니까 … 최고 기온이 0도 일 때 주문 수가 -141잔. 음? 말도 안 되죠!

 선생님 회귀 분석의 대상인 2주간의 데이터를 다시 보세요. 최고 기온의 최솟값은 24도이고 최대값은 34도입니다.
이 범위를 벗어나는 0이나 17도, 42도 같은 수치를 대입해

서 예측하는 건 추천하지 않습니다.

 나 왜 그럴까요?

 선생님 우리가 입수한 데이터에 없는 미지의 세계니까요.

 나 아하….

⇨ 실측값, 예측값, 잔차란?

 선생님 통계학에서는 본래의 데이터의 y를 **'실측값'**이라고 하고 회귀식 x에 임의의 값을 대입한 것을 **'예측값'**이라고 합니다.

 나 '추정값'이 아니고요?

 선생님 '추정'은 모집단에 대해 생각하는 것이고 '예측'은 미래에 대해 생각하는 것을 말합니다.

나 으음.

 선생님 예측값을 기호로 나타내면 이렇게 됩니다.

$$\hat{y} = 16.3x - 141.3$$

 나 꼭 프랑스어 같네요 (웃음).

 선생님 아, 이건 모자를 쓰고 있는 것 같다고 해서 '와이햇'이라고 불러요.
그리고 '$y-\hat{y}$'를 즉 실측값 y와 예측값인 $\hat{y}$의 차이를 **잔차(殘差)**라고 말하며 e로 표기하는 경우가 많습니다. 같은 기호를 사용하고 있지만 네이피어 상수는 아니니까 헷갈리지 마세요.

실측값 y와 $\hat{y}$예측값 과 잔차 e를 확인해봅시다.

	최고기온 (℃) x	실측값 (잔) y	예측값 (잔) $\hat{y} = 16.3x - 141.3$	잔차 (잔) $e = y - \hat{y}$
22일 (월)	29	357	331.2	25.8
23일 (화)	28	288	314.9	-26.9
24일 (수)	34	420	412.7	7.3
25일 (목)	31	388	363.8	24.2
26일 (금)	25	272	266.1	5.9
27일 (토)	29	290	331.2	-41.2
28일 (일)	32	364	380.1	-16.1
29일 (월)	31	346	363.8	-17.8
30일 (화)	24	272	249.8	22.2
31일 (수)	33	415	396.4	18.6
1일 (목)	25	238	266.1	-28.1
2일 (금)	31	333	363.8	-30.8
3일 (토)	26	301	282.4	18.6
4일 (일)	30	386	347.5	38.5
평균	$\bar{x} = 29.1$	$\bar{y} = 333.6$	$\bar{\hat{y}} = 333.6 = \bar{y}$	$\bar{e} = 0$
제곱합	$S_{xx} = 129.71$	$S_{yy} = 43193.43$	$S_{\hat{y}} = 34447.96$	$S_e = 8745.47$

 나 어? 실측값과 예측값의 평균이 같네요?
잔차 e의 평균은 0이고.

 선생님 어쩌다 그런 게 아니라 **회귀 분석에서는 꼭 그렇게 됩니다.**

 나 으음.

 선생님 실측값과 예측값의 그래프를 살펴봅시다. 가로축은 날짜,
세로축은 아이스커피 주문 수입니다.

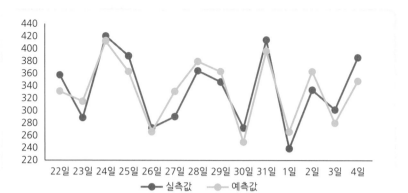

440
420
400
380
360
340
320
300
280
260
240
220

22일 23일 24일 25일 26일 27일 28일 29일 30일 31일 1일 2일 3일 4일

─●─ 실측값   ─●─ 예측값

 나 우와, 실측값 y와 예측값 $\hat{y}$의 차이가 별로 없네요. 뭐랄까, 꽤 닮았어!

 선생님 확실히 비슷하네요. 그래서 도출한 회귀식을 사용한 예측 결과는 그런대로 믿을 수 있다고 간주합니다.

 나 그러고 보니 모집단의 비율 추정을 했을 때 '신뢰율 95%' 같은 이야기를 했는데 회귀 분석에도 그런 것이 있나요?

 선생님 좋은 질문입니다. 있어요. '최고 기온이 ★도인 날의 주문수는 신뢰율 95%로 ▲잔 이상 ◆잔 이하이다'라는 '예측 구간'을 산출할 수 있습니다.

 나 예측 구간이요?

 선생님 네. 다시 말해, 회귀 분석으로는 '최고 기온이 ★도인 날의 주문 수는 ▲잔 이상 ◆잔 이하라는 범위에 들어갈 것이다'라는 폭을 설정한 예측도 가능합니다. 다음은 신뢰율 95% 예측 구간을 옅은 색으로 표시한 그래프입니다.

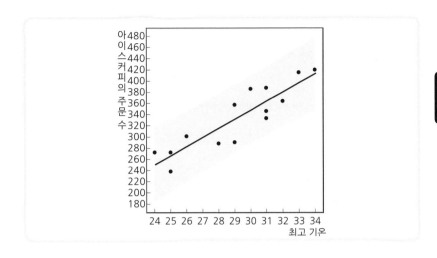

 나 예측 구간의 폭은 일정하지 않나요?

 선생님 일정하지 않아요. 최고 기온의 평균인 $\bar{x}$에서 멀어질수록 폭이 넓어집니다.

 나 아, 그래서 이번 경우라면 예측 구간은 구체적으로 어떤 느낌 인가요?

 선생님 예를 들어 최고 기온이 27도일 경우의 예측 구간은 신뢰율 95%로 237잔 이상 361잔 이하입니다.

 나 361에서 237을 빼면 124잔⋯⋯ 상당한 폭이네요 (땀).

 선생님 '예측하지 못한 사태'도 상정한 후 계산했기 때문입니다. 참고로 예측 구간을 계산하기란 쉽지 않습니다. 여기서 중요한 것은 구체적인 계산 방법보다는 **폭을 설정하여 예측하는 것도 가능하다**는 사실입니다.

여기까지가 회귀 분석에 대한 기본적인 설명입니다.

 나 의외로 선뜻 이해가 되었습니다. 선생님이 수학적인 설명을 생략해 주신 덕분인가봐요 (웃음).

⇨ 결정 계수란?

 선생님 지금부터 약간 수학적인 이야기를 할게요. 실측값 y와 예측값 $\hat{y}$의 꺾인선 그래프에서 회귀식의 정밀도를 아까 확인했는데, 사실은 정밀도를 단적으로 보여주는 지표가 따로 있습니다. 이것을 '**결정계수**'라고 하고 일반적으로 R^2라는 기호로 나타냅니다.

 나 요컨대 결정 계수라는 값이 분석이 잘 되었는지 판단하는 기준이 된다는 거죠?

 선생님 그렇죠. 그래서 결정계수는 '**예측값 $\hat{y}$의 제곱합 $S_{\hat{y}\hat{y}}$를 실측값 y의 제곱합 S_{yy}로 나눈 것**'입니다.

$$R^2 = \frac{S_{\hat{y}\hat{y}}}{S_{yy}}$$

최대값는 1이고 최솟값은 0.1에 가까울수록 회귀식의 정확도가 높다고 판단합니다.

나 이 공식은 어디서 나온 거죠?

선생님 설명해드릴게요. 좀 복잡하지만 어려운 얘기는 아닙니다. 지금 나온 예를 보면, 실측값 y의 제곱합 S_{yy}는 다음과 같습니다.

$$S_{yy} = (357 - \overline{y})^2 + \cdots + (386 - \overline{y})^2$$

계산 과정은 생략했지만 S_{yy}는 다음과 같이 변형할 수 있습니다.

$$\begin{aligned} S_{yy} &= (357 - \overline{y})^2 + \cdots + (386 - \overline{y})^2 \\ &= \{(331.2 - \overline{\hat{y}})^2 + \cdots + (347.5 - \overline{\hat{y}})^2\} + \{(25.8 - \overline{e})^2 + \cdots + (38.5 - \overline{e})^2\} \end{aligned}$$

2번째 줄의 제1항은 예측값 $\hat{y}$의 제곱합 $S_{\hat{y}\hat{y}}$이고 제2항은 잔차 e의 제곱합 S_e입니다.

나 식을 이해하는 데 시간이 걸리니까 조금만 기다려주세요⋯.
아, 정말 그렇군요.

선생님 즉 이런 관계가 성립합니다.

$$S_{yy} = S_{\hat{y}\hat{y}} + S_e$$

그러면 이 식의 두 변을 S_{yy}로 나눠봅시다.

$$1 = \frac{S_{\hat{y}\hat{y}}}{S_{yy}} + \frac{S_e}{S_{yy}}$$

나 점점 쫓아가지 못하는 느낌이 드네요….

 선생님 조금만 더 하면 됩니다 (웃음).
이 오른쪽 변의 제1항은 '예측값 $\hat{y}$의 제곱합을 실측값의 y의 제곱합으로 나눈 것'이죠. 다시 말하면 '실측값 y의 제곱합에서 차지하는 예측값 $\hat{y}$의 제곱합의 비율.' 이것이 결정 계수 R^2입니다.

 나 아하.

 선생님 그럼 제2항은 뭐냐면 '실측값 y의 제곱합에서 차지하는 잔차 e의 제곱합의 비율'입니다.

 나 그렇구나, 결정 계수 R^2은 비율이기 때문에 최솟값이 0이고 최대값이 1인 거로군요.

 선생님 맞아요.

 나 결정 계수 R^2이 1이 되는 건 어떤 때인가요?

 선생님 잔차 e의 제곱합 S_e가 0일 때입니다.

 나 $S_e = 0$이라는 것은… 실측값 y와 예측값 $\hat{y}$에 차이가 전혀 없다?

 선생님 그렇죠, 분석 대상의 데이터가 완전히 직선상에 있는 상황입니다. 한마디로 말하자면 y값의 크고 작음을 좌우하는 변수는 x밖에 없는 상황이에요. 하지만 실제로 존재하는 데이터에서

R^2=1이 되는 일은 있을 수 없겠죠.

나 그럼 반대로 결정계수 R^2이 0이면요?

선생님 $y = 0 \times x + b$라는 회귀식이 도출됩니다.

나 즉?

선생님 R^2=0은 x는 y값에 전혀 영향을 미치지 않는 상황을 의미합니다.

나 x와 y와는 인과관계가 없다고요?

선생님 그렇죠. 그것은 다시 말해 y 값의 크기를 좌우하는 변수는 x가 아니라는 뜻이므로 그 x를 선택해서 한 분석은 부적절했다는 뜻입니다.

나 그렇군요.

선생님 이렇게 생각해보면 **결정계수 R^2은 'x가 y에 미치는 영향력'**이라고도 할 수 있어요.

$$1 = R^2 + \frac{S_e}{S_{yy}}$$

x가 y에 미치는 영향력

x외의 무엇인가가 y에 미치는 영향력

수많은 변수 중 굳이 x를 선택해서 회귀 분석을 하는 만큼, x가 y에 미치는 영향력, 즉 결정계수 R^2값은 클수록 좋습니다.

 나 결정계수 R^2값이 이 정도면 회귀식의 정확도가 높다고 본다. 이런 통계학적 기준이 있을까요?

 선생님 없습니다.

 나 없나요!?

 선생님 그렇지만 제 개인적으로는 x의 영향력이 최소한 반은 있어야 좋으므로 0.5를 하나의 기준으로 생각합니다.
참고로 아이스커피의 주문 수와 최고 기온의 예에서는 0.798이었죠. 회귀식의 정확도는 나쁘지 않은 편입니다.

 나 하지만 1에 아주 가깝다고 할 수는 없네요.

 선생님 상식적으로 생각해서 아이스커피의 주문 수에 영향을 미치는 게 최고 기온만은 아니겠죠. 그러니까 0.798이라는 수치는 대단한 거예요.

바꾸어 말하면 현실의 데이터로 회귀 분석을 했을 때 0.8이나 0.9가 나오는 경우는 제 경험상으로 볼 때 좀처럼 생각하기 어렵습니다.

참고로 결정계수 R^2의 값은 엑셀로도 구할 수 있습니다. 엑셀에 의한 방금 전 분석 결과의 맨 위에 있는 표를 보세요. '다중 상관계수' 아래에 있는 '결정계수'가 그거예요.

원칙적으로는 피해야 할 세로 막대 그래프

데이터 집계 결과를 시각화할 때는 세로 막대그래프로 표현하는 것은 신중해야 합니다.

아래 그림은 어느 패밀리 레스토랑의 설문조사 결과를 가로 막대그래프와 세로 막대그래프로 표현한 것입니다.

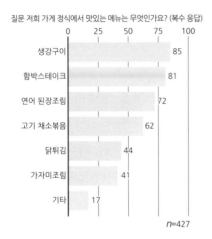

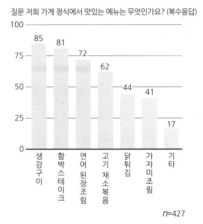

우리는 오랜 세월 교육을 받아 온 결과, 왼쪽 위에서 오른쪽 아래로 시선을 이동하는 것에 익숙해져 있습니다. 그래서 가로 막대그래프의 의미를 순식간에 이해할 수 있어요. 눈금 수치가 왼쪽(0)에서 오른쪽(100)까지 적혀 있고 선택지가 왼쪽에 있어서 바로 시야에 들어오기 때문이죠.

이것을 바꿔 말하면 세로 막대그래프는 의미를 이해하는 데 시간이 걸린다는 말입니다. 눈금 수치가 아래쪽(0)에서 위쪽(100) 방향으로 표시되고 선택지가 아래쪽에 있어서 한눈에 들어오지 않거든요.

절대 안 되는 것은 아니지만 세로 막대그래프는 되도록 피하는 것이 무난합니다.

중회귀 분석을 마스터하자!

드디어 중회귀 분석에 들어갑니다. 회귀 분석을 이해했다면 중회귀 분석도 문제없습니다! 이것도 엑셀을 이용해 분석할 수 있습니다.

⇨ 중회귀 분석은 회귀 분석의 발전판

 선생님 그러면 오늘의 본론인 중회귀 분석을 설명하겠습니다.

회귀 분석에서 인과의 '인'에 상당하는 변수는 하나뿐이었죠. <u>그 변수가 2개 이상인 회귀 분석을 '중회귀 분석'</u>이라고 합니다.

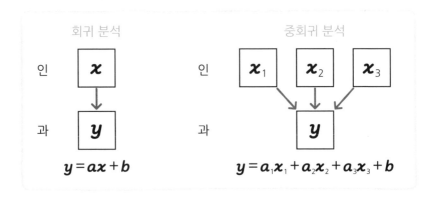

회귀 분석

인 x

과 y

$$y = ax + b$$

중회귀 분석

인 x_1 x_2 x_3

과 y

$$y = a_1 x_1 + a_2 x_2 + a_3 x_3 + b$$

 선생님 자 어느 프랜차이즈 커피점의 데이터를 여기에 준비했습니다. 56개 점포의 좌석수, 가까운 역에서의 도보 시간, 주류 제공 유무, 그리고 작년 매출액이 있습니다.

	좌석수 (석) x_1	가까운 역에서의 도보 시간 (분) x_2	주류 제공 (1=yes) x_3	매출액 (만 엔) y		좌석수 (석) x_1	가까운 역에서의 도보 시간 (분) x_2	주류 제공 (1=yes) x_3	매출액 (만 엔) y
가게 1	77	2	1	8830	가게 29	51	4.5	1	7405
가게 2	61	6	1	7803	가게 30	58	1.5	1	9401
가게 3	37	4	0	7978	가게 31	44	8	0	7859
가게 4	54	9	1	8316	가게 32	70	6	0	7864
가게 5	50	0.5	1	7631	가게 33	33	6.5	0	7182
가게 6	53	6	0	7010	가게 34	65	8.5	0	8320
가게 7	69	9.5	0	7295	가게 35	74	5.5	1	8545
가게 8	67	7	0	7979	가게 36	55	4	0	7859
가게 9	36	9.5	0	7749	가게 37	65	9	0	7915
가게 10	74	3.5	0	8434	가게 38	37	2	1	8711
가게 11	58	4	1	9736	가게 39	38	3.5	0	7347
가게 12	77	7	1	9226	가게 40	65	1	0	8655
가게 13	47	6.5	0	7235	가게 41	36	9	1	7410
가게 14	41	3	0	8718	가게 42	78	6	1	8658
가게 15	55	9.5	1	8374	가게 43	37	0.5	0	9853
가게 16	50	4	0	7178	가게 44	78	1	0	9795
가게 17	39	2	0	7800	가게 45	82	1.5	0	8881
가게 18	62	4.5	0	9288	가게 46	66	1.5	0	7061
가게 19	68	6	0	8378	가게 47	80	0.5	1	9685
가게 20	41	7	1	7631	가게 48	52	8	1	8596
가게 21	56	0.5	0	7521	가게 49	53	6	0	8771
가게 22	61	2.5	1	9396	가게 50	74	3	0	7460
가게 23	39	2	0	7461	가게 51	76	9	0	7289
가게 24	49	4.5	0	9346	가게 52	52	6	0	8831
가게 25	60	4	0	7689	가게 53	61	4	1	9629
가게 26	62	4	1	9458	가게 54	68	5.5	0	7460
가게 27	66	2	0	8602	가게 55	63	9	0	7978
가게 28	50	5	1	7581	가게 56	69	4	0	9622
					평균	$\bar{x}_1 = 57.8$	$\bar{x}_2 = 4.8$	$\bar{x}_3 = 0.4$	$\bar{y} = 8280.1$

나 그럼 여기서 예측하는 건… 금년 매출액인가요?

선생님 맞습니다! 계산 과정보다 결과에 주목하기 위해 설명을 생략하겠지만, 이 데이터를 분석해보면 '**중회귀식**' 등으로 불리는 다음과 같은 식이 도출됩니다.

$$y = 16.2x_1 - 95.8x_2 + 488.2x_3 + 7627.5$$

매출액 　 좌석수 　 가장 가까운 역에 　 주류도
　　　　　　　　　 서의 도보시간 　 제공

나 뭔가 복잡하네요.

선생님 아니요, 차분히 확인해보면 이것도 어렵지 않습니다.
이 식은 다음과 같은 내용을 알려줍니다.

- 좌석수가 하나 늘어나면 매출이 16.2만 엔 증가한다.

- 가까운 역에서 1분 멀어지면 매출이 95.8만 엔 줄어든다.

- 주류를 제공하는 가게는 제공하지 않는 가게보다 매출이 488.2만 엔 많다.

나 우와, 그런 걸 알 수 있다니 놀랍네요!

선생님 x_3는 2진 범주형 데이터임을 기억하세요.

나 0이나 1뿐이라는 거죠!

신생님 및아요.

 나 아까 회귀 분석은 엑셀로 했는데, 중회귀 분석도 할 수 있나요?

 선생님 가능합니다. 회귀 분석과 마찬가지로 먼저 '데이터'를 선택하고 '분석'의 '데이터 분석'을 선택한 뒤 '회귀 분석'을 선택합니다.

 나 어, 선택은 중회귀 분석 아닌가요?

 선생님 네, '회귀 분석'을 선택하면 됩니다. 원래 '중회귀 분석'이라는 선택사항은 없어요.

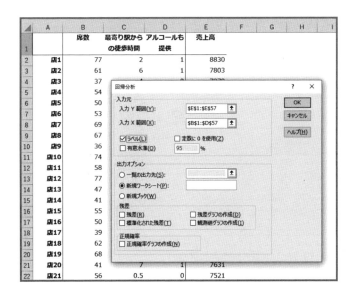

'Y축 입력 범위'에 매출액 데이터를 지정합니다. 'X축 입력 범위'에 '좌석수', '가까운 역에서의 도보 시간', '주류도 제공'의 3개의 열 데이터를 지정합니다. '이름표'에 체크하고 나머지는 신경 쓰지 말고 '확인'을 누르세요.

나 이렇게 쉽게 분석할 수 있다니 정말 편리하네요……!
그런데 중회귀식의 정밀도는 어떻게 확인하나요?

선생님 회귀 분석과 마찬가지로 결정계수 R^2로 확인합니다. 계산하는 법도 같습니다.
단 회귀 분석 시의 결정계수는 'x가 y에 미치는 영향력'을 의미했는데, 지금 예시의 중회귀 분석에서는 'x_1와 x_2와 x_3가 y에 미치는 영향력'을 의미합니다.
예시의 결정계수 R^2를 계산해 볼까요?

$$R^2 = \frac{S_{\hat{y}\hat{y}}}{S_{yy}}$$
$$= \frac{10120975.3}{38511512.6}$$
$$= 0.263$$

나 0.263! 굉장히 작네요.

선생님 실측값 y와 예측값 $\hat{y}$의 그래프를 살펴볼까요?

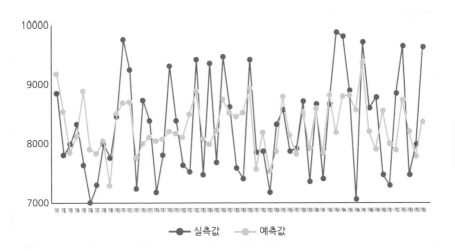

 나 이건, 전혀 비슷하지 않다고 할까, 예측치를 너무 벗어난 거죠?

 선생님 결정계수 R^2값이 작으면 실측값 y과 예측값 $\hat{y}$은 비슷하지 않다, 이 사실을 잘 기억해 둡시다.

모처럼 중회귀식을 구했으니 내친김에 신규 출점하는 가게의 매출을 시험 삼아 예측해볼까요? 조건은 '좌석수는 75', '가까운 역에서의 도보 시간은 2분', '주류 제공함'입니다.

$$\hat{y} = 16.2 \times 75 - 95.8 \times 2 + 488.2 \times 1 + 7627.5$$
$$\approx 9142$$

 나 약 9,142만 엔. 하지만 이 예측값은 결정계수 R^2값과 꺾은선 그래프로 생각하면….

 선생님 별로 믿을만하지 않죠.

209

나 그렇다면…… 예측구간이 등장할 차례인가요?

 선생님 좋은 생각을 하는군요. 중회귀 분석에서도 예측구간을 구할 수 있습니다.
지금 예의 예측구간은 신뢰율 95%일 때 7,592만 엔 이상 1억 693만 엔 이하입니다.

 나 최대값과 최솟값의 차가 3,100만 엔 정도군요.
그건 … 어떤 뜻일까요.

 선생님 이 차이를 크다고 생각할지 작다고 생각할지는 사람마다 다르겠지만, 저는 결코 작지 않다고 생각합니다. 잘하면 1억 엔이 넘는 매출을 예측할 수 있지만 그렇지 않으면 7,600만 엔이니까요.

 나 이런 경우에는 어떻게 대처하면 좋을까요?

 선생님 제일 먼저 드는 생각은 결정계수 R^2값이 더 커질 것 같은 변수를 찾아서 다시 분석하는 방법입니다.

나 그렇겠네요.

 선생님 이게 정공법이죠. 그러나….

 나 그러나?

 선생님 사실은 별로 기대할 수 없어요. '다른 변수가 있다면 그건가?'라고 금방 생각이 날 정도라면 처음부터 그 변수를 넣어서 분석했을 테니까요.

 나 '콘센트 수', '흡연석 유무', '교통량', '경쟁사 유무' 등도 넣어서 분석하면 좋은 결과가 나올 것 같은데요.

 선생님 하하, 참신하고 멋진 아이디어네요. 중회귀 분석은 엑셀로 손쉽게 할 수 있으니까 여러 가지 변수로 계속 분석해보면 됩니다.

 나 차라리 y에 영향을 미치고 있을 것 같은 변수를 최대한 많이 모으고, 그걸 수학적으로 좁히면 좋을 텐데……

 선생님 날카로워요! 사실 그런 방법이 있어요.

나 네? 왜 그걸 빨리 알려주지 않으셨죠!

 선생님 그게 그렇게 만만하지 않아요. 그 방법을 이용하면 정밀한 중회귀식을 쉽게 도출할 수 있느냐 하면 그렇지 않거든요.

 나 그건 그렇군요……. 맞다, 좋은 생각이 났어요. 데이터 분석 전문가에게 분석을 맡기면 어떨까요?

 선생님 물론 그런 사람들은 중회귀 분석이 아닌 분석기법을 이용해서 더욱 정밀한 예측값를 구할 수도 있겠죠. 경제적 여유가 있다면 꼭 그들에게 맡겨보세요.

하지만 그래서 일이 쉽게 풀린다면 전 세계 모든 기업의 실적은 최고조를 달릴 것이고 파산하는 기업은 하나도 없지 않을까요?

 나 데이터 분석 전문가에게 의뢰하는 건 의미가 없다는 말씀인가요?

 선생님 그렇지 않습니다. 다만 과도한 기대는 하지 말라는 뜻이에요.

 나 그런데 데이터 분석 전문가는 뭘 하는 사람인가요?

 선생님 분석의 천재가 데이터를 물끄러미 바라보다가 영감을 받아서 '좋아, 이 방법으로 하자!'라고 하는 모습을 상상하면 안 됩니다.

클라이언트와 협의해서 분석의 목적을 명확히 하거나 목적에 맞는 분석기법을 모색하거나 데이터에 비정상적인 값이 섞여 있지 않은지 분석하는 등 착실하게 꾸준히 일하는 느낌이에요.

 나 흠, 생각보다 화려한 직업이 아니군요.

 선생님 여기서 주의할 점은 외부에 데이터 분석을 맡긴다고 해서 반드시 뛰어난 결과를 얻는다는 보장은 없습니다. 오히려 안 좋은 의미에서 충격을 받을 수도 있어요.

 나 그게 무슨 말씀이세요?

 선생님 앞서 나온 56개 점포로 구성된 프랜차이즈 커피점이 정밀한 중회귀식 도출을 맡겼다고 합시다. 그 결과물인 중회귀식에 '가장 가까운 역으로부터의 도보 시간'이 포함되지 않았다면 어떨 것 같은가요?

 나 아마추어의 생각이지만 결정계수 R^2값이 어느 정도 크다고 해도 제가 사장이라면 수긍하지 않을 것 같아요.

 선생님 그렇죠. 매출을 분석할 때 '가까운 역으로부터의 도보 시간'을 고려하는 것은 커피업계의 상식이지만 분석을 의뢰받은 사람이 그 점을 알고 있다고 단언할 수는 없습니다. 분석 전에 협의를 충분히 하지 못하면 이와 같은 비극이 발생할 수 있습니다. **데이터 분석 업체는 분석의 전문가이지만 모든 비즈니스의 세부 사항에 정통한 것은 아니니까요.**

➡️ 통계학은 마법의 학문이 아니다

 나 회귀 분석과 중회귀 분석을 업무에 이용할 수 있을 것 같아서 처음에는 잔뜩 기대했는데 현실의 데이터로 정밀한 식을 도출하기는 어려울 것 같아서 좀 아쉽네요.

 선생님 그 사실을 아는 것이 가장 큰 배움이에요. 통계학을 이용하면 진실에 가까워진다. 그건 거짓은 아니지만 실제로는 그렇게 쉽게 되지 않습니다.
통계학은 삼라만상을 밝힐 수 있는 마법의 학문이 아닙니다.

 나 그런 것 같네요.

 선생님 다만 중회귀 분석만 생각한다면 '도출된 중회귀식은 신뢰할만하지 않은 것 같지만 그래도 중회귀식을 신뢰한다'라는 선택지를 버리지 않는 편이 좋습니다.

 나 그게 무슨 뜻이죠?

 선생님 다시 말하면 '중회귀식에 의해 도출된 예측값은 완전히 틀릴 수도 있다. 그렇지만 향후 어떻게 행동해야 하는가 하는 논의의 참고 자료가 되므로 중회귀식의 존재를 없었던 것으로 하기는 아깝다'는 의미입니다.

 나 다시 말해 무슨 뜻일까요?

선생님 지진 예측 같은 거라고 생각하면 되죠.

예를 들어 제가 태어났을 무렵부터 '머지않아 도쿄에 대지진이 일어날 것이다'라는 말이 돌았는데, 그 일은 아직까지 발생하지 않았어요. 그렇다면 지진 예측은 무의미한가 하면 그런 것은 아니겠지요.

 나 의지할 방식이 달리 없으니 어쩔 수 없다는 건가요?

 선생님 네. 그러고 보면 중회귀식을 이용한 예측에 관해 잊지 못할 추억이 있네요.

소매업 신규 점포의 매출을 예측하는 업무를 종종 맡아서 하는 회사의 지인이 있는데, 그의 말을 듣자 하면 예측값은 항상 빗나간다고 합니다.
그것도 꽤 많이.

 나 네!? 그럼 그 소매점은 왜 분석을 맡긴 걸까요.

 선생님 새로운 점포를 내려면 자금 조달, 사내 공감 형성 등이 필요합니다. '얼마나 잘 팔릴지는 가게를 열어봐야 알지 지금은 모르겠습니다'라고 하면 얘기가 안 되겠죠.

 나 당연히 안 되죠.

 선생님 미래의 매출을 정확히 예측할 수 없다는 것은 중회귀 분석과 같은 통계학적 지식이 있고 없고를 떠나서 모든 사람

이 다 아는 이야기입니다. 알고는 있지만 거기서 멈추면 관련된 사람들을 설득할 수 없겠죠. 그래서 '도출된 중회귀식은 믿을 수 없을 것 같지만 그래도 중회귀식을 믿는다'라는 결론이 나옵니다.

나 그렇군요. 그건 그렇고 예측값이 여러 번 빗나가면 보통은 더 이상 분석을 의뢰하지 않을 것 같은데요……???

선생님 방금 전 사람의 이야기에 따르면 매출만 예측하는 게 아니라 새로운 매장이 오픈된 후에 그곳을 방문해 이것저것 도와준다고 합니다.

나 혹시 매출을 조금이라도 예측값에 가깝게 하기 위해서일까요? (웃음)

선생님 그러면 '이 회사는 이런 일까지 신경 써 주는군!'하고 클라이언트가 감동해서 다음에도 또 분석 업무를 맡기게 되죠.

나 참 좋은 나라네요~ (웃음).

선생님 '좋은 나라'라는 말에 생각난 게 있는데요. 만일 어떤 나라의 교육부 장관이 '국력을 강화하려면 어린이에게 책을 많이 읽혀야 한다'라고 주장하며 초중고 도서관에 막대한 세금을 쓰려고 한다면 어떨까요?

나 좀 위험한 생각 같은데요.

선생님 '좀'이 아니라 '상당히' 위험합니다. '책을 많이 읽힌다→국력이 향상된다'라는 가설은 완전히 장관의 생각일 뿐 전혀 증명되지 않은 점이니까요.

 나 애당초 '국력'의 구체적인 의미가 불분명하네요. '국력'이 아니고 '학력'이라면 그나마 이해할 수 있습니다만. 아니 잘 생각하면 '학력'의 의미도 애매한가….

 선생님 '책을 많이 읽힌다→국력이 향상된다'처럼 확실한 근거 없이 높은 사람의 충동적인 생각으로 일이 결정되는 경우는 적지 않습니다. 게다가 정말로 효과가 있었는지 검증하는 것도 소홀히 하죠.

그런 식이 아니라 제대로 합시다. 데이터로 실증합시다. 그럴 때 중회귀 분석을 비롯한 통계학 지식이 도움이 됩니다.

 나 만약 모처럼 데이터를 모아서 분석했는데, 결과의 정확도가 낮다면 어떻게 될까요?

 선생님 하긴 그럴 수도 있죠. 아니, 오히려 그런 경우가 더 많을 수도 있겠네요.

하지만 논의의 시작점인 데이터는 수중에 있으니 다른 사람이 다른 분석 수법을 이용할 수도 있고 모두 함께 의논할 수도 있습니다. 정도의 차이가 있겠지만 미래를 향해 상당히 건설적인 논의를 할 수 있죠.

이런 식으로 사람들이 데이터에 근거해 사물을 생각하는 감각을 익혔으면 하네요.

 나 높은 사람의 충동적인 생각은 논외이지만 경험에서 우러나온 베테랑의 직감 같은 것은 가치가 있지 않을까요?

 선생님 물론입니다. 하지만 좋게 말하면 영감이지만 엄밀히 말하면 그것도 단순한 착상에 불과합니다. 그러니 그 말을 그대로 받아들이지 말고 데이터로 증명하는 것을 잊지 말아야 합니다.

 나 알겠습니다.

 선생님 아, 이제 수업을 마치겠습니다.

 나 감사합니다!

➡ '회귀 분석'은 '인'과 '과'에 해당한다고 생각하는 변수를 1개씩 준비하고 그 관계를 잘 파악한 '회귀식'라고 불리는 $y = ax + b$ 를 구한 다음, 그 식을 이용해 y 값을 예측하기 위한 분석 방법이다.

➡ '중회귀 분석'은 '인'에 해당하는 변수가 2개 이상인 회귀 분석이다.

➡ 회귀 분석과 중회귀 분석에서는 하나의 값이 아니라 '▲이상 ◆이하라는 범위에 들어갈 것이다'라고 폭을 설정해서 예측할 수도 있다.

➡ '결정 계수'는 회귀식과 중회귀식의 정확도를 나타내는 지표다. R^2로 표기한다.

➡ 통계학은 삼라만상을 밝히는 마법의 학문이 아니다.

➡ 데이터에 근거해 사물을 생각하는 감각을 익혀야 한다.

통계적 가설검정이 뭘까?!

통계적 가설검정이 뭘까?!

이것으로 모든 수업을 마쳤다! 라고 생각했는데, 다카하시 선생님은 하나 더 가르쳐주고 싶은 것이 있는 듯….

➡ 모든 수업을 종료! 하기 전에…

 나 우와, 정말 많은 걸 배웠어요.
선생님, 이제 한잔하러 가실까요?

 선생님 가즈키 씨, 앞으로 30분만 시간 어때요?

 나 네? 괜찮습니다.

 선생님 아주 간단히 보강으로 '**통계적 가설검정**'을 설명하겠습니다.

 나 통계적 가설검정은 첫날 수업에서 약간 나왔던 것 같네요.

 선생님 네. 통계적 가설검정은 통계학의 대표적 분석기법입니다. 입문서에서도 많이 다루는 내용이고 학술 논문 등에도 자주 쓰입니다.

 나 그렇게 중요한 통계적 가설검정을 왜 굳이 보강에서 설명하시나요?

222

선생님 3가지 이유가 있습니다. 일단 수학적으로 어렵습니다.
다음으로 그렇게 고생해서 배워봐야 분석 결과가 신통치 않거
든요.

 나 네!?

 선생님 마지막으로 연구직이 아닌 사람은 별로 다루지 않기 때문
입니다.

 나 직장인은 통계적 가설검정을 이용하지 않는다고요?

 선생님 네, 거의 사용하지 않을 거예요.
하지만 데이터 활용 능력 중 하나로써 공부하는 건 의미가 있습
니다. 통계적 가설검정의 결과를 보고 그것이 어떤 의미인지 이
해할 정도의 지식은 있는 편이 좋죠.

그러니까 이번에는 데이터 리터러시 수준을 높인다는 목표를 갖
고 설명하겠습니다.

 나 알겠습니다.

⇨ 가설이 옳은지 추론한다

 선생님 통계적 가설검정을 한마디로 말하자면 '모집단에 관해
분석자가 세운 가설이 올바른지 추론하는 분석기법'입니다.

223

나 예를 들면 어떤 게 있을까요?

 선생님 '도쿄도의 사립대학에 재적하는 하숙생과 후쿠오카현의 사립대학에 재적하는 하숙생의 한 달 평균 생활비 송금액은 차이가 있지 않을까?' 이런 가설이 맞는지 표본 데이터로 추론해 보는 겁니다.

덧붙여서 통계적 가설검정에는 '모평균 차이 검정'이나 '일원 배치 분산 분석'과 '독립성 검정' 등 다양한 종류가 있습니다.

 나 어떻게 구분해서 사용하나요?

 선생님 세운 가설에 따라서 구분합니다. 그래서 통계적 가설검정은 아까 말씀드렸듯이 수학적으로는 어렵지만 과정과 목적은 굉장히 단순합니다.

과정은 2단계로 구성됩니다.

① **통계적 가설검정의 종류별로 정해져 있는 공식에 표본 데이터를 대입해 하나의 값으로 변환한다.**

	변수 1	변수 2	⋯
A 씨	17	90	⋯
B 씨	15	48	⋯
⋮	⋮	⋮	⋮

대입 ↓

공식

변환 ↓

5.28

② '①로 변환된 값'과 비교해야 할 '기준'이 정해져 있으므로 그 둘 중 어느 쪽이 큰지 확인합니다. 기준이 작으면 <대립 가설은 옳다>고 결론짓고 기준이 크면 <귀무 가설은 틀렸다고 할 수 없다>라고 결론짓습니다.

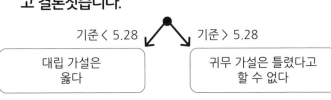

기준 < 5.28

기준 > 5.28

| 대립 가설은 옳다 |

| 귀무 가설은 틀렸다고 할 수 없다 |

 선생님 ②에서 양자택일하는 것, 그것이 통계적 가설검정의 목적입니다.

 나 그런데 '귀무 가설은 틀렸다고 할 수 없다'는 건 이중부정이니까 '귀무 가설은 옳다'는 말이 아닌가요?

 선생님 아닙니다. 굳이 표현하자면 '귀무 가설은 맞을 수도 있고 틀릴 수도 있다. 뭐라고 단정 지을 수 없다'는 뜻입니다.

 나 완전 애매한대요 (웃음).
그런데 '귀무 가설'과 '대립 가설'이 뭔가요?

 선생님 설명하겠습니다. 통계적 가설검정의 종류에 따라서 귀무 가설과 대립 가설은 학술적으로 미리 정해져 있습니다.

예를 들어 '도쿄도와 오사카부와 후쿠오카현의 사립대학에 재적하는 하숙생의 한 달 평균 생활비 송금액은 차이가 있지 않을까?'라는 가설이 옳은지 아닌지 추론하고 싶다면 일원 배치 분산 분석이라는 통계적 가설검정이 적합합니다.

일원 배치 분산 분석에서의 귀무 가설과 대립 가설은 앞의 예시에서 다음과 같습니다.

귀무 가설	세 모집단의 평균은 같다
대립 가설	'세 모집단의 평균은 동일하다' 는 아니다

나 음… 기준이 작으면 '대립 가설은 옳다'이니까 '<3개의 모집단의 평균은 같다>는 아니다'라는 거군요. 요컨대 모집단의 평균은 다르다는 거네요.

기준이 더 크면 '귀무 가설은 틀렸다고 할 수는 없다'이므로 '세 모집단의 평균은 같다'는 가설은 옳을 수도 있고 옳지 않을 수도 있다는 거네요.
골치 아픈데요!?

선생님 잠깐 탈선을 좀 할게요.
통계적 가설검정을 꾸준히 공부하다 보면 '**P값**'이라는 개념이 종종 나옵니다. 엄밀함을 무시하고 대략적으로 설명한다면 P값이 0.05보다 작으면 '대립 가설은 올바르다'고 결론짓고 0.05보다 크면 '귀무 가설은 틀렸다고는 할 수 없다'라고 결론짓습니다.

참고로 첫날 수업에 나온 'P<0.05'(→24쪽)의 'P'가 P값입니다.

선생님 그럼 이야기를 되돌리겠습니다. 일원 배치 분산 분석은 엑셀로 할 수 있습니다. 잊시 니왔던 도쿄도의 오사카부와 후쿠오카현의 송금액에 관한 예를 분석해봅시다. 표본은 5명씩 총 15명입니다.

도쿄도	오사카부	후쿠오카현
8.6	6.9	6.9
8.7	7.4	7.8
9.5	7.3	8.2
9.9	7.5	8.3
10.2	9.1	9.7

엑셀로 일원 배치 분산 분석을 하는 건 간단합니다. 아까 설명한 회귀 분석과 마찬가지로 '데이터'를 선택하고 '분석' – '데이터 분석'을 선택하면 됩니다.

 나 네.

 선생님 '분산 분석 : 일원 배치법'을 선택하세요.

 나 네, 선택했습니다.

 선생님 '입력 범위'란에 데이터를 지정합니다. '첫째 행 이름표 사용'에 체크 표시한 다음 '확인'을 누릅니다.

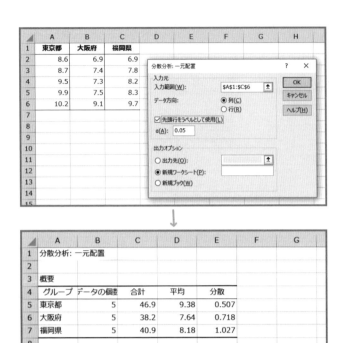

나 우와, 엑셀은 정말 뛰어난 도구로군요!

선생님 2개의 표 중 아래를 잘 보세요. '5.2833…'이 표본 데이터를 공식에 대입한 값입니다. 그것과 크기를 비교해야 하는 기준은 '3.8852…'입니다.

기준이 더 작으므로 '대립 가설은 올바르다' 즉 '<3개의 모집단의 평균은 같다>는 것은 아니다'라고 결론지을 수 있지요.

나 흠. 모집단에 관한 분석을 이렇게 쉽게 할 수 있다니, 통계적 가설검정은 엄청 편리하네요.

선생님 확실히 언뜻 보면 편리합니다.

하지만 말이죠. '<세 모집단의 평균은 같다>는 아니다'라고 결론이 났지만, 어떤 모집단의 평균이 가장 크다거나 작다는 상세 정보는 얻지 못했죠.

 나 듣고 보니 그렇네요….

 선생님 아까 '통계적 가설검정의 분석 결과는 신통치 않다'라고 말한 이유가 여기에 있습니다. 좀더 정확히 말하자면 일원 배치 분산 분석의 **귀무 가설인 '세 모집단의 평균은 같다'는 결론이 현실에서 성립할 리가 없다는 것은 상식적으로 생각할 때 일원 배치 분산 분석을 하든 안 하든 명확히 알 수 있는 사실이죠.**

 나 그게 좀 궁금했어요! 대략적으로 비슷할 수는 있겠지만 세 모집단의 평균이 완전히 같다는 건 있을 수 없잖아요.

그렇다면 통계적 가설검정은 무엇 때문에 존재할까요?

 선생님 모집단의 상황에 대해 언급하기 위해서요.

 나 아아 그렇구나. 표본을 집계하기만 해서는 표본에 관한 것밖에 말할 수 없으니까. 이제 알겠습니다….

…그런데 선생님, 음-, 아직 남은 이야기가 있을까요?

 선생님 아니요, 이걸로 정말 끝입니다.

 나 아, 다행이다. 그럼 한 잔 하러 가실까요 (웃음).

후기—

여러분이 '후기'를 읽고 있다는 것은 이 책을 마지막까지 읽었다는 뜻이군요. 고생 많으셨습니다!

통계학은 배우려고만 하면 얼마든지 할 수 있는 심오한 학문입니다. 그렇다고 너무 많은 내용을 이 책에 집어넣으면 모처럼 통계학에 흥미를 느낀 여러분이 버거워하다가 내던져 버릴 것입니다. 그래서 이 정도만 배워도 세상이 많이 달라 보일 점만 추려서 설명하려고 애썼습니다.

1일째 수업에서는 '중고등학교 시절 수포자가 되어 사회로 나간 뒤에도 수학과 거리두기를 해온 사람이 지금부터 통계학을 바닥부터 배워서 다양한 분석기법을 활용하며 데이터를 요리할 수 있게 되진 않는다'고 단언했습니다. 제가 생각해도 좀 심하게 말했죠.

개인적인 이야기이지만 한 번 들어주세요. 저는 중학교 2학년 때 –분명 5월경이었던 것 같아요– 맹장염을 심하게 앓았습니다. 2주 정도 학교를 쉬었기 때문에 퇴원 후에도 수업을 따라갈 수 없게 되었죠. 사춘기였던 점도 한몫해서 따라잡으려고 노력하기는커녕 공부에 손을 놓고 말았습니다.

그러다가 중학교 3학년 1학기 기말고사에서 형편없는 수학 점수를 받았습니다. 이러다가는 앞으로 큰일 나겠다는 불안에 휩싸이자 비로소 공부를 시작했어요. 참고로 그 당시 저는

$$8 \times (-5)^2 \quad 과 \quad 8 \times (-5^2)$$

의 차이전도 몰랐습니다. 이러 저었지만 어찌어찌 통계학을 이해할 수 있었고 지금에 이르렀습니다.

여러분도 이 책을 읽고

- TV 프로그램의 시청률은 구체적으로 어떻게 측정하는가?
- 감염병에 관해 $\dfrac{\text{검사자 중 양성인 사람의 수}}{\text{검사자 수}}$ 가 아니라, 분자인 '검사자 등 양성인 사람의 수'만 보도하는 것은 이상하지 않은가? 예를 들어 $\dfrac{7}{10}$ 과 $\dfrac{7}{10000}$ 은 완전히 다르지 않은가!

이런 식으로 일상의 소소한 일에 눈을 돌려 보세요. 그러면서 어느 날 '통계학을 좀더 공부해 보자!'라는 의욕에 불타게 된다면 제게 이보다 기쁜 일은 없을 것입니다.

다카하시 신

회귀식 도출

191쪽에서 설명한 바와 같이,

$$y = ax + b$$

라는 회귀식의 a와 b의 공식은 다음과 같습니다.

$$\cdot\, a = \frac{S_{xy}}{S_{xx}}$$

$$\cdot\, b = \bar{y} - \bar{x}a$$

지금부터 a와 b의 공식이 도출되는 과정을 살펴봅시다. 또 앞으로의 설명에는 중학교에서 배웠던 완전제곱식이라는 식이 변형된 것이 여러 번 나옵니다.

$$
\begin{aligned}
Ax^2 - 2Bx + C &= A\left\{x^2 - 2\left(\frac{B}{A}\right)x\right\} + C \\
&= A\left\{x^2 - 2\left(\frac{B}{A}\right)x + \left(\frac{B}{A}\right)^2 - \left(\frac{B}{A}\right)^2\right\} + C \\
&= A\left\{\left(x - \frac{B}{A}\right)^2 - \left(\frac{B}{A}\right)^2\right\} + C \\
&= A\left(x - \frac{B}{A}\right)^2 - A\left(\frac{B}{A}\right)^2 + C
\end{aligned}
$$

1. 도출

지면 크기를 고려해 본편의 '7일째'와는 다른 아래 표의 데이터
를 사용해 설명합니다.

	x	y
α	5	13
β	7	17
૪	11	19
합계	23	49
평균	$\bar{x} = \dfrac{23}{3}$	$\bar{y} = \dfrac{49}{3}$

회귀식에서 a와 b의 공식은 다음 STEP1부터 STEP3의 순서로 도
출됩니다.

⇨ STEP1 아래 표대로 계산한다.

	x	실측값 y	예측값 $\hat{y}=ax+b$	잔차 $y-\acute{y}$	잔차의 제곱 $(y-\hat{y})^2$
α	5	13	$a \times 5 + b$	$13 - (a \times 5 + b)$	$\{13 - (5a+b)\}^2$
β	7	17	$a \times 7 + b$	$17 - (a \times 7 + b)$	$\{17 - (7a+b)\}^2$
૪	11	19	$a \times 11 + b$	$19 - (a \times 11 + b)$	$\{19 - (11a+b)\}^2$
합계	23	49	$23a + 3b$	$49 - (23a + 3b)$	S_e
평균	$\bar{x} = \dfrac{23}{3}$	$\bar{y} = \dfrac{49}{3}$	$\dfrac{23a + 3b}{3}$ $= \bar{x}a + b$	$\dfrac{49 - (23a + 3b)}{3}$ $= \bar{y} - (\bar{x}a + b)$	$\dfrac{S_e}{3}$

$$S_e = \{13 - (5a+b)\}^2 + \{17 - (7a+b)\}^2 + \{19 - (11a+b)\}^2$$

※ 회귀 분석에서는 **최소제곱법**이라는 방법에 따라 Se가 최소가 되는 a와 b로부터 이
루어지는 직선을 회귀식이라고 정의합니다.

앞서 말했듯이 S_e는 다음과 같습니다.

$$S_e=\{13-(5a+b)\}^2+\{17-(7a+b)\}^2+\{19-(11a+b)\}^2$$

Se의 첫 번째 항인 $\{13-(5a+b)\}^2$를 정리하면,

$$\{13-(5a+b)\}^2=13^2-2\times13\times(5a+b)+(5a+b)^2$$
$$=13^2-2\times13\times5a-2\times13\times b+(5a)^2+2\times5a\times b+b^2$$
$$=b^2-2(13-5a)b+(5a)^2-2\times5\times13a+13^2$$

입니다. 마찬가지로 제2항과 제3항을 정리하면

•$\{17-(7a+b)\}^2=b^2-2(17-7a)b+(7a)^2-2\times7\times17a+17^2$

•$\{19-(11a+b)\}^2=b^2-2(19-11a)b+(11a)^2-2\times11\times19a+19^2$

입니다. 따라서 3항의 합입니다. S_e는 다음과 같이 정리할 수 있습니다.

$Se-3b^2-2(13\ 5a+17-7a+19-11a)b$

$\qquad +(5^2+7^2+11^2)a^2-2(5\times13+7\times17+11\times19)a+13^2+17^2+19^2$

$=3b^2-2(49-23a)b+C$

$=3\{b^2-2(\dfrac{49-23a}{3})b\}+C$

$=3\{b^2-2(\overline{y}-\overline{x}a)b\}+C$

$=3\{(b-(\overline{y}-\overline{x}a))^2-(\overline{y}-\overline{x}a)^2\}+C$

$=3(b-(\overline{y}-\overline{x}a))^2-3(\overline{y}-\overline{x}a)^2+C$

하나 위의 행인 제3항부터 제7항까지는 b와 무관하므로 C라고 표기했습니다.

$C=(5^2+7^2+11^2)a^2$
$\quad -2(5\times17+7\times17+11\times19)a$
$\quad +13^2+17^2+19^2$

따라서 S_e가 최소가 되는 b는 다음과 같습니다.

$b=\overline{y}-\overline{x}a$

⇨ STEP 3 STEP 2에서 정리한 Se를 a에 대하여 완전제곱하고 Se가 최소가 되는 a를 구한다.

STEP 2의 단계에서 Se의 최솟값은 다음과 같았습니다.

$$S_e=-3(\overline{y}-\overline{x}a)^2+C$$

이것은 아래와 같이 정리할 수 있습니다.

$S_e=-3(\overline{y}-\overline{x}a)^2+C$

$\quad =-3\{(\overline{y})^2-2\times\overline{y}\times\overline{x}a+(\overline{x}a)^2\}+C$

$\quad =-3(\overline{y})^2+6\overline{x}\,\overline{y}a-3(\overline{x}a)^2$

$\qquad +(5^2+7^2+11^2)a^2-2(5\times13+7\times17+11\times19)a+13^2+17^2+19^2$

$\quad =(5^2+7^2+11^2-3(\overline{x})^2)a^2-2(5\times13+7\times17+11\times19-3\overline{xy})a$

$\qquad\qquad\qquad\qquad +13^2+17^2+19^2-3(\overline{y})^2$

■ 제1항 정리

$$5^2+7^2+11^2-3(\overline{x})^2=5^2+7^2+11^2-3\left(\frac{5+7+11}{3}\right)^2$$
$$= 5^2+7^2+11^2-\frac{(5+7+11)^2}{3}$$
$$= (5-\overline{x})^2+(7-\overline{x})^2+(11-\overline{x})^2$$
$$= S_{xx}$$

118쪽에서 설명한 변형

■ 제2항 정리

$$5 \times 13 + 7 \times 17 + 11 \times 19 - 3\overline{x}\,\overline{y}$$
$$=5 \times 13 + 7 \times 17 + 11 \times 19 - 3\overline{x}\,\overline{y} - 3\overline{x}\,\overline{y} + 3\overline{x}\,\overline{y}$$
$$-3\left(\frac{5+7+11}{3}\right)\overline{y} - 3\overline{x}\left(\frac{13+17+19}{3}\right) + 3\overline{x}\,\overline{y}$$
$$=5 \times 13 + 7 \times 17 + 11 \times 19$$
$$-(5+7+11)\overline{y}-\overline{x}(13+17+19)+\overline{x}\,\overline{y}+\overline{x}\,\overline{y}+\overline{x}\,\overline{y}$$
$$=(5 \times 13 - 5\overline{y} - 13\overline{x} + \overline{x}\,\overline{y}) + (7 \times 17 - 7\overline{y} - 17\overline{x} + \overline{x}\,\overline{y})$$
$$+ (11 \times 19 - 11\overline{y} - 19\overline{x} + \overline{x}\,\overline{y})$$
$$=(5-\overline{x})(13-\overline{y}) + (7-\overline{x})(17-\overline{y}) + (11-\overline{x})(19-\overline{y})$$
$$= S_{xy}$$

■ 제3항 정리

$$13^2+17^2+19^2-3(\overline{y})^2=13^2+17^2+19^2-3\left(\frac{13+17+19}{3}\right)^2$$
$$= 13^2+17^2+19^2-\frac{(13+17+19)^2}{3}$$
$$= (13-\overline{y})^2+(17-\overline{y})^2+(19-\overline{y})^2$$
$$= S_{yy}$$

118쪽에서 설명한 변형

즉 S_e를 정리하면 다음과 같습니다.

$$S_e = S_{xx}a^2 - 2S_{xy}a + S_{yy}$$

또 다음과 같이 정리할 수도 있습니다.

$$S_e = S_{xx}a^2 - 2S_{xy}a + S_{yy}$$

$$= S_{xx}\left\{ a^2 - 2\left(\frac{S_{xy}}{S_{xx}}\right)a \right\} + S_{yy}$$

$$= S_{xx}\left\{ \left(a - \frac{S_{xy}}{S_{xx}}\right)^2 - \left(\frac{S_{xy}}{S_{xx}}\right)^2 \right\} + S_{yy}$$

$$= S_{xx}\left(a - \frac{S_{xy}}{S_{xx}}\right)^2 - S_{xx}\left(\frac{S_{xy}}{S_{xx}}\right)^2 + S_{yy}$$

따라서 S_e가 최소가 되는 a는 다음과 같습니다.

$$a = \frac{S_{xy}}{S_{xx}}$$

2. 결정계수

STEP 3에서 알 수 있듯이 S_e의 최종 최솟값은 다음과 같습니다.

$$S_e = -S_{xx}\left(\frac{S_{xy}}{S_{xx}}\right)^2 + S_{yy}$$

이 식을 이항하면

$$S_{yy} = S_{xx}\left(\frac{S_{xy}}{S_{xx}}\right)^2 + S_e$$

입니다. 우변의 제1항은

237쪽에 따라 $\dfrac{S_{xy}}{S_{xx}} = a$

$$S_{xx}\left(\frac{S_{xy}}{S_{xx}}\right)^2 = S_{xx}a^2$$
$$= \{(5-\bar{x})^2+(7-\bar{x})^2+(11-\bar{x})^2\}a^2$$
$$= \{(5-\bar{x})^2a^2+(7-\bar{x})^2a^2+(11-\bar{x})^2a^2$$
$$= \{(5-\bar{x})a\}^2+\{(7-\bar{x})a\}^2+\{(11-\bar{x})a\}^2$$
$$= \{(5a+\bar{y}-\bar{x}a)-\bar{y}\}^2+\{(7a+\bar{y}-\bar{x}a)-\bar{y}\}^2+\{(11a+\bar{y}-\bar{x}a)-\bar{y}\}^2$$
$$= \{(5a+b)-\bar{y}\}^2+\{(7a+b)-\bar{y}\}^2+\{(11a+b)-\bar{y}\}^2$$
$$= \{(5a+b)-\bar{\hat{y}}\}^2+\{(7a+b)-\bar{\hat{y}}\}^2+\{(11a+b)-\bar{\hat{y}}\}^2$$
$$= S_{\hat{y}\hat{y}}$$

237쪽에 따라 $\bar{y}-\bar{x}a=b$

$$\bar{y} = \bar{x}a+(\bar{y}-\bar{x}a) = \bar{x}a+b=\frac{23}{3}a+b=\frac{(5a+b)+(7a+b)+(11a+b)}{3}= \bar{\hat{y}}$$

라고 쓸 수 있습니다. 따라서

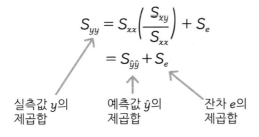

$$S_{yy} = S_{xx}\left(\frac{S_{xy}}{S_{xx}}\right) + S_e$$

$$= S_{\hat{y}\hat{y}} + S_e$$

실측값 y의   예측값 $\hat{y}$의   잔차 e의
제곱합   제곱합   제곱합

입니다. 이 두 변을 로 나누면 다음과 같습니다.

$$1 = \frac{S_{\hat{y}\hat{y}} + S_e}{S_{yy}}$$

$$= \frac{S_{\hat{y}\hat{y}}}{S_{yy}} + \frac{S_e}{S_{yy}}$$

우변의 제1항인 $\dfrac{S_{\hat{y}\hat{y}}}{S_{yy}}$ 가 즉 '실측값 y의 제곱합에서 차지하는 예측값 $\hat{y}$의 제곱합의 비율'이 198쪽에서 설명한 **결정계수**입니다.

R^2라는 기호로 표기하는 것이 일반적입니다. 이야기를 정리하면 다음과 같습니다.

$$R^2 = \frac{S_{\hat{y}\hat{y}}}{S_{yy}}$$

$$= 1 - \frac{S_e}{S_{yy}}$$

또한 중회귀 분석에서는 결정계수뿐 아니라 **자유도 조정 후의 결정계수**라고 불리는

$$R^{*2} = 1 - \frac{\left(\dfrac{S_e}{\text{개체수} - x_i \text{의개수} - 1}\right)}{\left(\dfrac{S_{yy}}{\text{개체수} - 1}\right)}$$

라는 값도 종종 참조합니다. 결정계수에는 의 x_i개수가 많을수록 값이 커지는 성질이 있기 때문입니다.

역자 소개 오시연

동국대학교 회계학과를 졸업했으며, 일본 외국어전문학교 일한통역과를 수료했다. 현재 에이전시 엔터스코리아에서 일본어 전문 번역가로 활동하고 있다. 주요 역서로는 《만화로 아주 쉽게 배우는 통계학》, 《통계학 초 입문》, 《텐배거 입문》, 《주린이 경제 지식》, 《주식의 신 100법칙》, 《말하는 법만 바꿔도 영업의 고수가 된다》, 《무엇을 아끼고 어디에 투자할 것인가》, 《한 번 보고 바로 써먹는 경제용어 460》, 《상위 1%만 알고 있는 가상화폐와 투자의 진실》, 《거꾸로 생각하라》, 《회계의 신》, 《돈이 당신에게 말하는 것들》, 《짐 로저스의 일본에 보내는 경고》, 《겁쟁이를 위한 주식투자》 등이 있다.

문과 출신도 쉽게 배우는
통계학

1판 1쇄 발행 **2022년 2월 18일**

지은이 **다카하시 신 / 고 가즈키**
옮긴이 **오시연**
발행인 **최봉규**

발행처 **지상사(청홍)**
등록번호 **제2017-000075호**
등록일자 **2002. 8. 23.**
주소 **서울특별시 용산구 효창원로64길 6 일진빌딩 2층**
우편번호 **04317**
전화번호 **02)3453-6111**, 팩시밀리 **02)3452-1440**
홈페이지 **www.jisangsa.co.kr**
이메일 **jhj-9020@hanmail.net**

한국어판 출판권 ⓒ 지상사(청홍), 2022
ISBN 978-89-6502-311-1 03410